新型农民现代农业技术与技能培训丛书

果树植保员培训教材

（南方本）

编著者

全金成　卢运胜

邱柱石　陈国平　李焜华

金盾出版社

内 容 提 要

本书是“新型农民现代农业技术与技能培训丛书”的一个分册，由广西柑橘研究所的专家编著。内容包括：果树植保员的岗位职责与素质要求，果树病虫草害防治的基础知识，柑橘类果树主要病虫害及防治，仁果类果树主要病虫害及防治，坚果类果树主要病虫害及防治，浆果类果树主要病虫害及防治，亚热带和热带果树主要病虫害及防治。本教材适用于县（市）、乡（镇）和农业相关工种的岗位培训，亦可供广大青年农民及相关专业师生阅读参考。

图书在版编目(CIP)数据

果树植保员培训教材（南方本）/全金成等编著．—北京：金盾出版社，2008.3
（新型农民现代农业技术与技能培训丛书）
ISBN 978-7-5082-4956-8

Ⅰ.果… Ⅱ.全… Ⅲ.果树-植物保护-技术培训-教材 Ⅳ.S66

中国版本图书馆 CIP 数据核字(2008)第 001966 号

金盾出版社出版、总发行
北京太平路 5 号（地铁万寿路站往南）
邮政编码：100036 电话：68214039 83219215
传真：68276683 网址：www.jdcbs.cn
封面印刷：北京百花彩印有限公司
正文印刷：北京金盾印刷厂
装订：第七装订厂
各地新华书店经销
开本：850×1168 1/32 印张：6.75 字数：157 千字
2008 年 3 月第 1 版第 1 次印刷
印数：1—10000 册 定价：11.00 元

序　言

中共中央国务院[2007]1号文件明确指出，加强“三农”工作，积极发展现代农业，扎实推进社会主义新农村建设，是全面落实科学发展观、构建社会主义和谐社会的必然要求，是加快社会主义现代化建设的重大任务。

我国农业人口众多，发展现代农业、建设社会主义新农村，是一项伟大而艰巨的综合工程，不仅需要深化农村综合改革、加快建立投入保障机制、加强农业基础建设、加大科技支撑力度、健全现代农业产业体系和农村市场体系，而且必须注重培养新型农民，造就建设现代农业的人才队伍。

胡锦涛总书记在党的十七大报告中进一步指出，要培育有文化、懂技术、会经营的新型农民，发挥亿万农民建设新农村的主体作用。

新型农民是一支数以亿计的现代农业劳动大军，这支队伍的建立和壮大，只靠学校培养是远远不够的，主要应通过对广大青壮年农民进行现代农业技术与技能的培训来实现。金盾出版社在对农业岗位培训进行广泛调研的基础上，与中国农业大学老科技工作者协会、华中农业大学老教授协会等单位共同策划，约请数百名农业专家、学者参加，组织编写了“新型农民现代农业技术与技能培训丛书”(以下简称“丛书”)。“丛书”坚持从现阶段我国青壮年农民的文化技术水平出发，突出现代农业技术与技能的传授，注重其先进性和实用性；“丛书”以教材形式编写，共有88个分册，涉及81个农业岗位，除水稻农艺工、蔬菜园艺工、蔬菜植保员、果树植保员分南方本和北方本外，其他均为一个岗位一本培训教材，以方便县(市)、乡(镇)、村组织新型农民培训和农业企业进行岗位培训时选用。“丛书”的组编和出版，还得到了河北农业大学、沈阳农业大学、西北农林科技大学、甘肃农业大学、北京农学院、山东畜牧兽医职业技术学院、大连民族学院、中国农业科学院茶叶研究所、中国农业科学院油料研究所、中国农业科学院郑州果树研究所、中国农业科学院特产研究所、中国农业科学院桑蚕研究所、中国养蜂学会、内蒙古自治区农牧科学院、甘肃省蔬菜研究所、山东省果树研究所、广西壮族自治区柑桔研究所、山西省畜牧兽医研究所等单位部分专家、教授的支持和参与，并列入劳动和社会保障部《全国职业培训与技能鉴定用书目录》，进行推荐，使我们深感欣慰，在此表示衷心感谢。我们希望和相信，通过“丛书”的出版发行，能为新型农民队伍的发展壮大贡献一份力量，也能为现代农业技术与技能培训积累一些可供借鉴的经验。

“丛书”编写时间有限，各分册存在不足或错漏在所难免，恳请同仁和各使用单位批评指正。

编 委 会

2008 年 1 月

前　言

现代农业的发展，需要培养具有现代农业意识和现代农业技术与技能的专业人员。为此，金盾出版社组织编写《新型农民现代技术与技能培训丛书》。《果树植保员培训教材》(南方本)是该丛书的一个分册。

书中所指的“南方”，泛指长江流域以南地区，地域辽阔，栽培品种丰富，危害果树的病虫草害种类繁多。限于篇幅并从生产实际出发，本书只着重介绍发生普遍的重要病虫草害及防治方法；而在内容上，为方便读者使用，着重介绍了病虫害的田间识别和防治方法，并在开篇简要地介绍了病虫草害的基本知识。在编写过程中，特别注意避免使用烦琐和生僻的术语，以实用和易操作为宗旨。

本书由广西柑橘研究所卢运胜研究员、邱柱石副研究员、全金成副研究员、陈国平副教授、广西壮族自治区农业科学院植保研究所李焜华副研究员编著。在本书即将出版之际，编者感谢各位同仁的大力支持，并期望本书对广大果农识别和防治果树病虫草害能有所帮助。由于编者水平有限，错漏难免，敬请读者批评指正。

编 著 者

2008 年 1 月

目　录

第一章 果树植保员的岗位职责与素质要求

果树植保员是指从事预防和控制有害生物对果树及产品的危害，并保护果树生产人员的安全。果树植保员的基本文化程度应达到初中毕业水平；经过培训后，应具备履行岗位职责的基本条件和素质；具有一定的学习能力、计算能力、颜色与气味辨别能力、语言表达和分析判断能力，手与眼动作协调。

一、果树植保员的岗位职责

第一，严格执行农业法、农业技术推广法、种子法、植物新品种保护条例、产品质量法，与安全使用农药、植物保护、作物病虫草鼠害和有害生物综合防治、农药及药械应用、植物检疫、经济合同相关的法律法规。

第二，进行果树生产调查研究。根据当地果树作物种类和病虫害发生、发展特点，以及当地植保部门发出的病虫测报、有关部门制订的病虫害综合防治方案，进行果树作物病虫害防治计划，并组织指导果树生产者开展病虫害综合防治工作。

第三，指导当地果树生产者鉴别当地果树主要病虫害种类及危害，并根据其发生和危害特点，选择适当的方法进行防治。

第四，指导当地农资经销人员，销售有针对性的农药和施药器械；指导当地果树生产者辨别农药、正确用药以及安全用药，增强安全意识，防止人、畜农药中毒；妥善保管农药和处理农药包装物，防止农药和农药包装物污染。

第五，正确施救农药中毒者，正确判别农药危害，施用对人、畜有毒农药时应及时、明确告知。

第六,对果树生产者进行当地果树主要病虫害及防治、农药以及安全使用的基础知识与实用技术的培训。

二、果树植保员的素质要求

(一)思想素质

果树植保员要对自己的岗位有兴趣和责任心,把与果树病虫害做斗争作为自己的事业,要有进取心;努力学习,刻苦钻研,不仅向书本学、向他人学,还要向生产实际学,深入果树生产实际调查研究,了解和掌握当地果树病虫害发生、危害特点和规律,不断提高职业技能素质和职业道德水准。

(二)职业技能素质

1. 能进行预测预报 通过田间调查,能识别当地果树主要病虫草鼠害和天敌,能进行常发性病虫发生情况调查,对调查结果能进行简单的计算和数据整理,并能及时、准确地传递病虫信息。

2. 能实施综合防治措施 能读懂综合防治方案并掌握关键点,能利用抗性品种和健身栽培措施防治病虫,能利用灯光、黄板和性诱剂等诱杀害虫。

3. 能正确使用农药(械) 能根据农药施用技术方案,正确备好农药(械),能辨别常用农药的外观质量,能按药、水(土)配比要求配制药液及毒土,能正确施用农药,能正确使用手动喷雾器,能正确处理清洗药械的污水和用过的农药包装物,并按规定正确保管农药(械)。

(三)职业道德及相关法规

1. 职业道德 果树植保员应遵守的职业道德包括:敬业爱岗,忠于职守;认真负责,实事求是;勤奋好学,精益求精;热情服务,遵纪守法;规范操作,保证安全。

2. 基础知识

(1)专业知识

①果树保护基础知识主要包括:果树保护和人们的关系,果树病理学基础(包括果树病害的概念、症状和发生原因,病原物的致病性和寄主的抗病性,病原物的侵染过程和病害循环,果树病害的流行);果树昆虫学基础;果树害虫的种群动态,果树病虫害的预测,果树病虫害的防治技术与策略;果树病虫害综合治理等。②果树病虫草鼠害调查与测报基础知识。③有害生物综合防治知识。④农药及药械应用基础知识。⑤植物检疫基础知识。⑥果树栽培基础知识。⑦农业技术推广知识。⑧计算机应用知识。

(2)农药安全使用 农药作为重要的农业生产资料,在控制有害生物危害,保护农作物安全生长方面起着重要作用,但由于长期大量的不合理用药,也带来一些严重的问题。突出表现为:污染环境,农药残留严重;杀伤天敌,破坏自然生态平衡,引起害虫再生猖獗;病虫害抗药性增加;生产成本加大;人、畜中毒和药害事故时有发生。为了充分发挥农药控害保产的积极作用,避免或降低农药的负面影响,必须要了解农药安全使用知识。

使用农药应遵循经济、安全、有效、简便的原则,避免盲目施药、乱施药、滥施药。应做到以下几点。

第一,对症下药。应根据病虫害发生的种类和数量来决定是否需要防治,如需防治应选择对路的农药来防治。不要盲目跟随别人,更不要用错药。

第二,适时用药。根据病虫害发生时期和发育进度,以及作物的生长情况,选择适宜时间用药。这个最适时间一般在病害暴发流行之前,害虫在未大量取食或钻蛀为害前的低龄阶段,病虫对药物最敏感的发育阶段,作物对病虫最敏感的生长阶段。

第三,科学施药。一是要选用新型的施药器械,如机动喷雾器,喷雾器效率高、损耗低、效果好。目前,大量使用的老式手动喷雾器"跑"、"冒"、"滴"、"漏"现象严重,损耗高、效率低,影响防治效果,应及是更新换代。二是用药量不能随意加大,严格按推荐用量使用。三是用水量要充足,以保证药液能均匀洒到果树上。四是对准靶标位置施药,如防治叶面害虫主要的施药位置是茎叶部位。五是施药时间一般应避开晴热高温的中午,大风和下雨天气也不能施药。六是坚持安全间隔期,即在水果收获前的一定时间内禁止施药。

农药是有毒的,在使用和贮藏过程中,务必要注意安全,防止中毒。而且还应注意:孕妇、哺乳期妇女及体弱有病者不宜施药;施药者应穿长衣裤,戴好口罩及手套,尽量避免农药与皮肤及口鼻接触;施药时不能吸烟、喝水和吃食物;一次施药时间不宜过长,最好在 4 小时内;接触农药后要用肥皂清洗,包括衣物等;药具清洗要避开人、畜饮用水源;农药包装废弃物要妥善收集处理,不能随便乱扔;农药应封闭贮藏于背光、阴凉干燥处;农药存放应远离食品、饮料、饲料及日用品;农药应存放在儿童和牲畜接触不到的地方;农药不能与碱性物质混放;一旦发生农药中毒,应立即送医院抢救治疗。

思 考 题

1. 果树植保员的岗位职责有哪些?
2. 果树植保员的职业道德是什么?

第二章　果树病虫草害防治的基础知识

一、果树病害的基本知识

(一)果树病害的定义

果树生病后,在生理上和形态上会表现出与正常植株不同的症状。如叶片发黄、产生斑点、植株矮化、产量降低、品质变劣甚至植株死亡等,依靠人的视觉、嗅觉等感觉器官就可以识别出来。果树的这种异常表现就称为果树病害。

果树病害与一般的机械创伤是不同的。例如冻害、雹害、风害、机械造成的损伤以及大多数昆虫和其他动物的咬伤、刺伤等,都是果树在短时间内受外界因素作用而造成的,没有病理变化过程,因此这些损伤都不能当作果树病害。果树病害是由于遭受其他生物的侵染或不利的非生物的外界环境因素的影响而造成果树组织形态的改变(即病变),这些病变有一个由轻到重、由浅到深的渐变过程,不是突然形成的。

(二)病状和病征

果树生病后,其体内外所表现出来的人们可觉察到的一切不正常状态称为症状。症状是人们诊断果树病害的重要依据之一。果树病害的症状是其内部发生病变的结果。其中果树本身的不正常表现称为病状。由真菌、细菌和寄生性种子植物引起的病害,还可以在病部看见一些病原物的结构(营养体和繁殖体),这些结构称为病征。病毒、类病毒、植原体、螺原体和一些难培养的细菌引起的病害只有病状没有病征;寄生性线虫引起的病害,一般也无病征;而非传染性病害是由于不利的非生物因素引起的,所以也无病征。

1. 病状类型 果树病害的病状可以表现在果树的各个器官和组织上,例如枝干、枝条、根、叶、花和果等。其表现形式也是多种多样的,归纳起来可以分为5大类。

(1)变色 发病果树颜色发生不正常改变而细胞不坏死的现象。主要发生在叶部。变色又可分为均匀变色和不均匀变色。均匀变色:叶绿素均匀减少,叶片变为淡绿色者称为“褪绿”;褪绿严重,叶片变黄者称为“黄化”;叶片变为白色者称为“白化”。色素积累,叶片变红者称为“红叶”或“红化”。不均匀变色:叶面上出现较大块的黄绿色相间者称为“花叶”;变色部分较碎,形成杂色叶片称为“斑驳”。果实颜色不均匀者称为“花脸”。

(2)坏死 发病部位细胞死亡,但组织不解体的现象。主要表现在以下几点。

①斑点:依其形状可有圆斑、角斑、条斑、褐斑、黄斑和锈斑等;叶部病斑组织脱落,形成“穿孔”,也属此类。

②疮痂:叶、枝、果表面形成局限性突起或增生,表面粗糙,但不破裂。

③溃疡:皮层坏死,形成较大的凹陷和开裂的病斑。

④猝倒:幼嫩苗木茎基部组织坏死软化,苗木倒伏死亡。

⑤立枯:幼苗皮层坏死,木质部仍有支持能力,幼苗不倒伏而枯死。

⑥叶枯:叶片上产生面积较大、边缘不清楚的坏死斑块。

⑦枝枯:从顶端开始逐渐向下发展的枝条枯死。

(3)腐烂 是发病部位细胞死亡而且组织解体的现象。多肉和幼嫩的组织生病后容易发生腐烂。因发生部位不同,可分为根腐、叶腐、花腐、果腐、枝腐和干腐等；腐烂组织呈烂泥状的称为“软腐”；腐烂组织较干燥的称“干腐”；腐烂组织较湿的称“湿腐”；病组织解体，变成胶质物而外溢的称为“流胶”。

(4)萎蔫　植株体内的输导组织受害，导致水分不能正常运输，造成细胞缺水，在外表就表现萎垂病状。

(5)畸形　病害使细胞生长过度或不足，造成植株或植株某些器官的外部形态不正常变化，统称为畸形。例如徒长、矮化、丛枝、肿瘤、卷叶、小叶和缩果等。

2. 病征类型　病征即真菌、细菌和寄生性种子植物等病原物，在病果树上的表现也是多种多样的，主要有以下几种。

(1)霉状物　由真菌的菌丝及分生孢子形成，多呈绒毛状。霉状物有多种颜色，而且形态也不相同，常见者有绵霉、烟霉、粉霉、丛霉和霜霉等。如柑橘的青霉病和绿霉病等。

(2)粉状物　病原物呈粉状结构，常见的有白粉、红粉、锈粉等。如柑橘的白粉病和葡萄的白粉病等。

(3)锈状物　叶上出现的疱状突起，呈铁锈色或黑色，是多种锈病的特有病征。如梨锈病等。

(4)点状物　从病部表皮下面生出来的小点状结构，突破或不突破表皮，多为黑色，也有红色或黄色。如柑橘的炭疽病和梨轮纹病等。

(5)颗粒状物　附着在病斑表面的球形或近球形颗粒，多为黑色，少数为其他杂色。如果树白绢病等。

(6)丝状物　多从点状物上溢出，呈卷曲的细线状。如果树紫纹羽病等。

(7)黏液状物　从病斑内溢出，被称为“溢脓”或“菌脓”，是细菌病害的特有病征。如桃细菌性穿孔病等。有些从点状物上溢出，呈黏液状，有灰白、粉红等颜色。如柑橘炭疽病等。

(三)病害发生的三要素

果树病害是果树与病原在外界环境条件影响下相互斗争并导致果树生病的过程。因此,病原、感病果树和适宜的外界环境条件,简称果树生病的三要素。

1. 病原 即病害发生的原因,可以分为两大类。一类为生物病原,包括细菌、真菌、病毒、类病毒、植原体、螺原体、难培养细菌、线虫和寄生性种子植物等。受到这类生物病原的侵染而引起的病害,可以通过一定的途径从病株传播到健株,是具有传染性的,称之为传染病(通常称为传染性或侵染性病害)。例如,柑橘的溃疡病是一种细菌引起的传染病,可通过雨水、昆虫及人、畜的接触,由病柑橘植株传到健康植株上。另一类为非生物病原,包括营养物质、温度、光照、有毒物质的污染和农药中毒等。这类病原引起的病害不会传染,称之为非传染病,通常称作非侵染性或非传染性病害。例如,果树的缺素病、日烧病等。

2. 感病果树 果树生病除了必须有病原外,还必须有感病果树存在。也就是说,果树本身在生病的过程中同样起着重要作用。生病与否常取决于果树抗病能力的强弱,如果果树本身抗病性强,即使有病原存在,也可以不发病或发病很轻。因此,栽培抗病品种和提高果树的抗病性,是防治果树病害的主要途径之一。

3. 环境条件 果树病害发生的环境条件,包括气候、土壤、栽培等非生物条件以及人、昆虫、其他动物和果树周围的微生物区系等生物条件。

对于果树感病而言,环境条件一方面可以直接影响病原物,促进或抑制生长发育,另一方面也可以影响果树的生活状态,左右其感病性或抗病能力。因此,只有当环境条件有利于病原物而不利于果树时,病害才能发生和发展;反之,当环境条件有利于果树而不利于病原物时，病害就受到抑制或者不发生。

果树非传染性的病害是由于某种条件不适宜，超出果树的适应能力，引起果树病理变化而成为一种病原。当一种环境因素成为某种非传染病的病原时，其他环境因素就是该病的环境条件。例如，果树日烧病的病因是光照过强，干旱和高温这两种环境条件可增加日烧病的发生。因此，果树非传染病，也是通过对果树的感病性和病原的作用来影响其发生和发展的。

（四）传染性病害的特点

果树传染性病害是病原物寄生在缺乏抵抗力的果树（即感病寄主）体内或体表引起的。而可使果树发生传染病的病原物主要有：细菌、真菌、病毒、类病毒、难培养细菌、植原体、螺原体和线虫等。现将其各自的主要特点及其所引起病害的特点进行简要介绍。

1. 细菌　是一类单细胞的微生物，其个体微小，人们的肉眼无法看到，要在放大 1 000 倍左右的光学显微镜下才能看得比较清楚。细菌的形状有杆状、球状和螺旋状，许多还长有其赖以运动的鞭毛。其中果树的病原细菌都是杆状的。

细菌是以分裂方式繁殖的，一个细菌细胞在长成后，从中间断裂为两个子细胞。在有水和营养物质等的条件下，平均 20～30 分钟分裂一次，10 个小时后，繁殖最快的细菌，1 个可变成 100 万个。

果树病原细菌是可寄生于果树体表或体内，从而引起果树生病的一类细菌。由于果树各种组织的外表包着一层坚韧的角质层，病原细菌无能力穿透角质层而侵入细胞内部，而是从果树表层细胞间的一些很小的自然孔口（气孔、皮孔、水孔）和风、雨、昆虫、人、畜等造成的伤口侵入细胞。

果树受到细菌感染患病后，常表现出叶斑、溃疡、穿孔、根癌等症状。有时会有黏液状菌脓溢出，这是细菌病害特有的现象。

2. 真菌 绝大多数是多细胞的，结构比细菌复杂，其细胞中有真正的细胞核，在繁殖后代时是从一个细胞长出几个或无数个后代。真菌的繁殖能力很强，繁殖方式很多。经过性细胞配合而产生后代的，称为有性繁殖；不经过有性繁殖而产生后代的，称为无性繁殖。无性繁殖产生无性孢子，如粉孢子、芽孢子、厚垣孢子和分生孢子。无性孢子在真菌的生活史中往往可以连续产生许多次，对于真菌性果树病害而言，其无性孢子在病害生长季节中的传播起着重要作用。真菌营养生长的后期进行有性生殖，产生有性孢子，如接合孢子、子囊孢子和担孢子等。一般来说，真菌的有性阶段只产生一次孢子。因此，果树病原真菌有性阶段的孢子多在侵染后期或者经过休眠期后产生，往往是病害的最初侵染的来源，但对病害在生长季节中的传播作用不大。

果树病原真菌可由各种繁殖体，如分生孢子、子囊孢子等萌发后，从果树的表层细胞直接侵入危害。病害常表现如下症状：叶斑、根腐、猝倒、软腐、干腐、炭疽、疮痂、萎蔫、锈斑、霜霉和白粉等。果树病原真菌在果树上可表现多种病症，如霉状物、粉状物、锈状物、点状物、丝状物和黏液状物等，据此可区别于其他原因引起的病害。

3. 病毒类病害 由病毒、类病毒、植原体、螺原体和难培养细菌所引起的病害，因它们具有系统侵染、嫁接传播的共同特征，所以通常将其归结为一大类，并统称为病毒病和类似病毒病害或病毒类病害。

(1)病毒 病毒是由一种核酸(核糖核酸或脱氧核糖核酸)和蛋白质外壳构成的微小的非细胞形态的微生物。其粒子需在放大几万倍到几十万倍的电子显微镜下才能看到。其形状有杆状、线状、球状等和子弹头状等。

病毒是从果树体表细胞壁的微细新鲜伤口侵入果树体内，并在条件合适时脱去蛋白质外壳，由核酸进入原生质开始生命活动，从而导致果树发病。摩擦是造成这种微伤的原因，也能通过一些昆虫的口器，进入树体细胞。土壤中的一些菌类，也可传毒。昆虫中传毒最严重的是蚜虫、叶蝉和飞虱，有的粉虱也可传播。

病毒引起的果树病害的症状，大致可分为两种：一种为花叶型，使叶片形成斑驳、褪绿或坏死斑；一种为黄化型，引起叶片黄化、皱缩、枝条丛生和植株矮化等。

（2）类病毒　结构比病毒更简单，是由一种低分子量的核糖核酸（其分子量只有病毒核糖核酸的1/83～1/13）组成，没有蛋白质外壳，是迄今已知最小的病原体。类病毒可通过嫁接和汁液摩擦传染，也可通过带毒的工具传染。类病毒具有潜伏侵染、潜育期长、侵染力强、稳定性高和株系分化多等共同特点。类病毒引起的果树病害的症状主要有矮化、丛枝、肿瘤、缩叶、缩果或果实“花脸”等。

（3）植原体和螺原体　植原体是介于病毒和细菌之间的一类微生物，其结构比细菌简单，比病毒复杂。植原体没有细胞壁，只有厚度为8～12纳米的3层界限膜，其内、外两层为蛋白质膜，中层为脂肪膜；体内充满大量的脱氧核糖核酸，同时还含有核糖核酸、线粒体、可溶性蛋白和代谢物质。

植原体在不同的生长阶段形态各异。有椭圆形、圆球形和菱形，有些像酵母菌分裂时的链球形，有的像丝状体。植原体对四环素类抗生素敏感，对青霉素不敏感，较难在人工培养基上培养。

螺原体是与植原体极为相似的一类微生物。其形态多为螺旋形，但也具有其他不定形，在相差或暗视野显微镜下可见。螺原体无细胞核和细胞壁，但有运动性；对四环素和青霉素的反应与植原体相同，但较易在人工培养基上培养。

植原体和螺原体病害的传染方式与病毒病相似,可通过嫁接、昆虫、菟丝子传染。已知能传播植原体和螺原体病的昆虫,绝大多数为叶蝉类,其次是木虱类。植原体和螺原体侵染果树后,普遍表现为全身性病害,其症状主要表现为病株萎缩、矮化、腋芽萌发形成丛枝,叶片变小、变红或黄化,花变叶或呈绿色、巨芽症等。

(4)难培养细菌　是对一些寄生于植物韧皮部或木质部、而未能在人工培养基上培养成功的细菌的统称。

难培养细菌的形态主要为杆状,有时也呈圆形或线形,单生,无鞭毛,大小为 0.25～0.35 微米×0.9～3.5 微米。细胞内含物与其他细菌相似。以均分法分裂繁殖。难培养细菌对四环素和青霉素都敏感。

病害的传染方式有嫁接传染和昆虫传染两种。嫁接传染与病毒病相似。传菌介体昆虫主要有叶蝉类和木虱类,若虫和成虫的传菌效率基本相同。一般介体昆虫获得难培养细菌后 2 小时甚至更短时间即可传染。

果树难培养细菌病害的主要症状是:叶缘焦枯、叶片干焦,植株萎蔫、矮缩、生长衰退,果小或畸形,枝条枯死,产量下降,严重时病树几年内死亡。

4. 线虫　是一种形如线状的低等动物,有雌、雄之分,有些线虫的雌虫成熟后呈梨形或柠檬形。果树的病原线虫一般都很小,通常不超过 1 毫米,宽为 50～100 微米。虫体多半透明,肉眼不易看清楚。果树寄生线虫的吻针能穿刺果树组织并分泌消化酶,消化寄主细胞中的物质,然后取食。

果树寄生线虫都是专性寄生物,只能在活的树体上取食和繁殖,在果树体外就依靠其体内贮存的养分生活。土壤的温、湿度高,线虫的活动剧烈,体内的养分消耗快,存活的时间短;在干燥和低温条件下,存活时间较长。土壤通气条件不好也影响其存活率。但是,许多线虫可通过休眠在植物体外长期存活,如土壤中未孵化的卵，特别是在卵囊和胞囊中的卵，存活期更长。

果树寄生线虫在土壤中的活动范围不大，主要通过种苗的调运、风和灌溉水以及耕作农具的携带等方式传播。果树线虫病的症状可表现为：根的局部肿瘤（根结）、根系的肿大或坏死、茎和叶的皱缩和扭曲、叶部产生病斑和坏死等，有时还伴有缺素症的表现。

（五）非传染性病害的特点

果树非传染病的发生是由于生长条件的不适宜或环境中有害物质的影响所致，其病原为非生物的物理因素和化学因素。

1. 营养物质 果树所必需的营养元素有氮、磷、钾、钙、镁和微量元素铁、硼、锰、锌、铜等十几种。缺乏这些元素时，就会出现缺素症；某种元素过多，也会影响果树的正常生长和发育而出现症状。例如，果树缺氮时，树冠颜色变为淡绿，下部的叶片变黄、变枯、茎枝变短、变细。缺锌时，新梢叶片变小，大部分叶肉变黄，仅叶脉保持绿色。若氮过多，则枝条徒长，叶片大而薄，花少，易引起早期落果，同时抗逆性降低。

2. 水分 水分是果树不可缺少的组成部分，其含量可占树体和果实重量的40%～97%，直接参与果树体内各种物质的转化与合成，也是维持细胞膨压、溶解土壤中矿物质养料、平衡树体温度的重要因素。因此，水分不足、过多或供应失调，都会对果树产生不良的影响，甚至致病。例如，天气干旱、土壤水分不足，可引起果树叶片凋萎、黄化，早期落叶、落果；雨水过多，则易引起涝害。此时土壤中缺少氧气，抑制了根系的呼吸作用，使果树叶片变色、枯萎，早期落叶和落果，最后引起根系腐烂，造成全树干枯死亡。

3. 温度 温度是影响果树生长发育的重要因素之一。果树体内的一切生理、生化活动和变化，都必须在一定的温度条件下进行。温度过低或过高都会使果树生长受阻甚至死亡。例如，温度过低，可引起果树霜害和冻害；温度过高，可造成茎、叶或果实发生局部灼伤等症状。

4. 光照 光照是果树光合作用所必需的条件。光照过弱，引起果树叶黄、枝细、花芽分化率低，易落花落果，果实品质降低，并容易受传染病病原物侵染；光照过强，虽然很少单独引起病害，但强光照常与高温干旱结合引起日烧病。

5. 有毒物质 常见的有毒物质有二氧化硫、二氧化氮、氟化氢，工厂排出的废渣、废液、废气以及农业上防治病虫害时使用的农药等。由于大气、水流、土壤和果树表面受到这些有毒物质的污染，可引起果树中毒。如烟害通常由空气中的二氧化硫所引起，造成果树叶片不均匀地褪绿，形成白斑或网斑，有时还表现生长受抑制，不结果和早期落叶等。

非传染性病害的发生通常与特殊的土壤条件、气候条件和栽培措施有关。在田间发生时，病树一般成片，有时也有局部发生的，但是没有发病中心，没有传播蔓延的现象。据此可以区别于传染性病害。

常见的非传染病的病状主要有：叶片变色，组织(叶片、果实、枝条等)局部坏死，落叶、落花或落果，植株畸形、矮化或徒长，造成小叶或小果，萎蔫等现象。

(六)果树病害的田间诊断

正确诊断病害是有效防治病害的前提和基础。病害诊断的方法很多，其中症状诊断是最基本的，也是最适于广大果农的方法。一般情况下，对于大多数的常见病害，根据田间症状特点，根据相关描述和原色症状图，就能做出正确判断。

果树病害的田间诊断通常包括田间观察和症状鉴别两个步骤。田间观察应详细记载：病害发生的普遍性和严重性；病害发展的快慢、在田间的分布；发生日期；寄主(即果树)品种、受害部位、症状以及发病果园的地势、土壤、昆虫活动情况等环境条件。根据病害在田间的分布与发展情况，病株发病情况以及发病条件等，找出病株的树干、枝、叶、花、果和根等各种部位在不同阶段所表现的典型病状和病症，对照有关书籍，确定病害类别。对病症的观察，可借助手持扩大镜进行。必要时，还可取病组织进行表面消毒（可用 70％酒精擦洗后再用无菌水或凉开水冲洗干净）后保温（一般为 25℃～28℃）、保湿（如将已消毒的病组织置于浸湿无菌水或凉开水的药棉上），进行诱发，经 24～48 小时后观察，若无病症表现，即可初步确定该病属于非传染病害或病毒类病害。

果树的某些缺素症常与病毒类病害相似，在遇到这种情况时，可用以下方法加以区分。

1. 修剪法　将病株的发病枝梢短截，并追施氮肥，促使其抽发出壮旺新梢，若新梢生长正常，不表现原有症状，则说明该病因缺乏某种元素引起；若新梢仍表现原有症状，说明该病是病毒类病害。

2. 嫁接传染法　取病株病枝上的芽或枝段，腹接到该病株同一品种的健株上，一段时间后，各健株表现与病株相同症状，说明该病具有嫁接传染性，为病毒类病害；若健株无症状表现，说明该病无嫁接传染性，因缺乏某种元素引起。

3. 指示植物鉴定法　取病株病枝上的芽或枝段，腹接到对该病特别敏感的植物（即指示植物）上，根据指示植物上是否表现该病的特异性症状，来确定其是病毒类病害或缺素病。

由于果树病害种类繁多，症状变化大，易与伤害、虫害等混淆，因此特别需要注意症状的复杂性，认真观察，仔细辨认，以免误诊。果树病害症状的复杂性主要表现在以下几方面。

①同一病原在不同果树品种上引起的病害症状不同。如胶胞炭疽菌可引起柑橘、梨、柿等果树的炭疽病，但其症状是有差异的。

②同一病害在同一果树品种上的不同部位引起的症状不同。如柑橘树脂病,在树干上表现为干腐或流胶,在嫩叶和幼果上表现为黑点或沙皮,在成熟果上表现为蒂腐。

③不同的病原物在同一果树品种上可能引起相似症状。如桃细菌性穿孔病和真菌性穿孔病所引起的叶片症状相似。

④病害与伤害同时或先后发生,或一种病害与另一种病害同时发生,增加了症状的复杂性。如一些感染黄龙病的柑橘树,常常又受到天牛等蛀干害虫的为害,致使树冠黄化程度加重,若不仔细辨认,很容易发生误诊。如果黄龙病树同时又受到脚腐病的危害也会产生同样的结果。

二、果树害虫的基本知识

(一)昆虫的外部形态

昆虫是左右对称的动物,体躯和其他节肢动物一样,由一系列连续的体节组成。这一些体节集合成 3 个体段,称为头部、胸部及腹部。

1. 昆虫的头部

(1)基本构造 头壳坚硬,上面生有口器、触角和眼,是昆虫取食和感觉中心。

头壳表面还有许多的沟、缝等,把头壳划分成若干区。这些沟、区在各类昆虫中变化很大,一般可以分成前面的额,两侧的颊,上面的头顶和后面的后头等。

(2)眼 昆虫的眼分为复眼和单眼。

①复眼:一般昆虫有一对复眼,着生于颊的上方,由许多小眼组成,其数目在各类昆虫中变化很大。复眼具有感受光的强弱和

辨别近体物像的能力。

②单眼：昆虫的单眼分背单眼和侧单眼两类。背单眼为成虫和不完全变态类的幼虫所具有，一般与复眼并存，着生在额区的上方，在两复眼之间。一般3个，排成三角形，有的2个，有的则没有。侧单眼为完全变态类的幼虫所具有，着生于头部的两侧，但无复眼。单眼只能感受光的强弱，不能辨别物像。

(3)触角　触角是昆虫的感觉器官，主要是嗅觉，有的还具有触觉和听觉的能力，主要作用是寻找食物和配偶。触角一般着生在额基部的一个膜质的触角窝内，由柄节、梗节及鞭节（又分许多亚节）3部分组成。

触角的类型很多，主要有以下几种：丝状、刚毛状、念球状、杆状、羽毛状、锤状、栉齿状、环毛状、具芒状、鳃片状和膝状等。

(4)口器　口器是昆虫的取食器官。由上唇、上颚、下颚、下唇和舌5个部分组成。昆虫的口器有下面几种类型。

①咀嚼式口器：这类口器为取食固体食物的昆虫所具有，如蝗虫、甲虫等。具有咀嚼式口器的昆虫有直翅目、鞘翅目、脉翅目的成虫、膜翅目的大部分成虫和叶蜂类幼虫，以及鳞翅目的幼虫等。此类害虫为害植物后造成植物组织的残缺，并将植物组织切碎嚼烂后吞入，因此可以用胃毒剂来毒杀。如将药剂喷布在植物上或制成毒饵，使药剂和食物一起被吞入而杀死害虫。

②刺吸式口器：这类口器为取食动植物体内液体食物的昆虫所具有，如蚜虫、叶蝉、木虱、粉虱和蚊。这类口器的特点是具有刺进寄主体内的针状构造和吸食汁液的管道构造。

具有刺吸式口器的昆虫主要有半翅目、同翅目、缨翅目和双翅目的一部分成虫（蚊类）。为害植物后一般不造成破损，只在为害部分形成斑点，随着植物的生长而引起各种畸形，如卷叶、虫瘿、瘤等。此外，刺吸式口器害虫往往是植物病毒类病害的主要传播者，这种危害性有时更大。如柑橘木虱是传播柑橘黄龙病的媒介昆虫,是造成柑橘黄龙病扩散、蔓延的最重要原因。

由于刺吸式口器的害虫是将植物的汁液吸入消化道,因此可以应用内吸性杀虫剂防治这类害虫。

③虹吸式口器:这类口器为鳞翅目成虫(蝶类和蛾类)所特有。它的主要特点是具有一根能卷曲和伸直的喙,食道在其中。

④舐吸式口器:这类口器为双翅目(蝇类成虫)所特有。

⑤锉吸式口器:这类口器为蓟马类昆虫所特有。

2. 昆虫的胸部 是昆虫身体的第二体段,它由颈膜和头部连接。由3个体节组成,依次为前胸、中胸和后胸。每个胸节有一对胸足,依次称为前足、中足和后足。在大多数种类中,中胸和后胸各有1对翅,分别称前翅和后翅。所以昆虫胸部是昆虫的运动中心。

(1)胸足 生在胸部侧下方,分为基节、转节、腿节(或股节)、胫节、跗节,在跗节末端通常还有1对爪。

由于各类昆虫的生活方式不同,胸足可发生特化,形成不同功能的类型。主要类型有步行足、跳跃足、捕捉足、开掘足、携花足、游泳足、抱握足、攀援足和净角足等。

(2)翅 昆虫一般有2对翅。有些种类只有1对翅,后翅特化成平衡棒(如双翅目成虫和雄蚧等),有些种类翅退化或完全无翅。

①质地:一般是膜质,但不同类型变化很大。蝗虫的前翅是革质的,称为革翅。金龟子前翅是角质的,很坚硬,称为鞘翅。盲蝽等的前翅基半部是革质,端半部是膜质的,称为半翅。有的膜质被有很多鳞片,称为鳞翅。

②形状:一般是三角形,有三个边,有三个角。前面的边称为前缘,后面的边称为内缘,连接两者的边即外面的边称为外缘。前缘与胸部间的角称为肩角。前缘与外缘间的角称为顶角。外缘与

内缘间的角称为臂角。

③构造：翅上有许多起着骨架支撑作用的翅脉。这些翅脉的排列方式在各类昆虫变化很大，但仍有一定规律和次序。翅脉又分为纵脉和横脉两类。翅脉的排列次序称为脉序，各类昆虫中脉序变化很大。

3. 昆虫的腹部　昆虫的腹部是昆虫身体的第三个体段，前端与胸部紧密相接，后端有肛门和外生殖器等。腹部内包有大部分内脏和生殖器官，所以腹部是内脏活动和生殖中心。腹部一般由9～11节组成。除末端几节外，一般无附肢，只有背板和腹板，两侧为膜质，结构比较简单。腹部节间膜发达，腹节可以互相套叠。因此腹部可以伸缩弯曲，以利于进行交配和产卵等。

(1)尾须　这是1对须状的构造，是末节附肢，有感觉的功能。

(2)外生殖器　雄性为交配器，一般由一个管状的阳具和一对钳状的抱握器所组成。雌性为产卵器，由2～3对瓣状的构造所组成。在鉴定种类时经常用到。

(二)昆虫的体壁

1. 功能　昆虫体壁是昆虫体躯(包括附肢)最外层的组织，它的功能，归纳起来主要有下面几点。

第一，它构成昆虫身体外形，并供给肌肉着生，起着骨骼的作用，因为它在外层，因此有"外骨骼"之称。

第二，它对昆虫起着保护作用。一方面防止体内水分过度蒸发，另一方面防止外来物的侵入。

第三，体壁上面有许多感觉器官，具有接受刺激和产生反应的作用。

第四，它形成的各种皮细胞腺起着特殊的分泌作用。

第五，起着一定的呼吸和排泄作用。

2. 基本构造 昆虫的体壁由3层基本部分组成,由里往外包括:底膜(或称基底膜)、皮细胞层(或称其皮层)及表皮层。皮细胞层和表皮层是体壁的主要部分,而表皮层又是皮细胞层所分泌的,是非细胞性物质。体壁的保护作用和特性大都由表皮层形成的。

(1)*皮细胞层* 是体壁中惟一的活组织,主要功能是分泌表皮层和蜕皮液,控制昆虫蜕皮和修补伤口等。另外,特化的皮细胞则具有特殊的功能,如感觉器具有感觉功能,腺体具有特殊分泌功能。

(2)*表皮层* 是构造最复杂的一层,也是影响杀虫剂作用最大的一层。基本由外层上表皮和里层的原表皮组成,原表皮又分化为外表皮和内表皮,其中上表皮从里向外可分为护蜡层、蜡质层及壳质层。

①护蜡层:由脂类、鞣化蛋白和蜡质组成,为疏水性、亲脂性。可以保护下面的蜡质层及防止体内水分的过量蒸发。

②蜡质层:几乎全部由蜡质(一种酯类)组成。表现有很强的疏水性,水分子及水溶性物质无法通过此层进入虫体。蜡质层是杀虫剂侵入虫体内最关键的一层。

③壳质层:主要由脂蛋白和鞣化蛋白组成,覆盖整个虫体表面及前后肠等内壁。它对酸类、无机盐类和有机溶剂都表现出抵抗性。陆生昆虫的壳质层一般为疏水性和亲脂性。

(三)昆虫的生物学特性

1. 繁殖 绝大部分昆虫需经过雌、雄两性的交配,卵受精后,才能发育成新的个体。这种生殖方式称两性卵生生殖(或简称两性生殖)。但有些种类,卵不经过受精就能发育成新的个体,这种生殖方式称孤雌生殖(或单性生殖)。在昆虫中还有由一个卵发育成两个以上甚至上千上万个个体的生殖方式,称为卵胎生,或简称为胎生。孤雌生殖对于昆虫的广泛分布有着重要作用,因为即使只有一个雌虫被偶然带到新的地方，如果环境条件适宜，就可能在这个地区繁殖起来。

2. 发　育

(1)胚胎发育　根据胚胎发育中体节和附肢的发生次序，可以将胚胎发育分为原足期、多足期和寡足期 3 个连续的阶段。胚胎发育完成后，幼虫从卵破壳而出的过程称为孵化。卵从母体产下到孵化为止，称为卵期。

(2)昆虫的变态　昆虫从卵孵出后，在生长发育过程中要经过一系列外部形态和内部器官的变化，才能转变为成虫，这种现象称为变态。

①不完全变态：具有 3 个虫态，即卵──→幼虫(若虫或稚虫)──→成虫，属于这类变态主要有直翅目、半翅目、同翅目的昆虫。

②完全变态：具有 4 个虫态，即卵──→幼虫──→蛹──→成虫。属于这类的昆虫占大多数，主要有鞘翅目、鳞翅目、膜翅目和双翅目的昆虫。

(3)幼虫　幼虫需要取食、生长和蜕皮，才能转化为成虫或蛹。从卵中孵化出来的幼虫称一龄，经过第一次蜕皮后的幼虫称二龄，其余类推。两次蜕皮之间的时期称龄期。

(4)蛹　全变态类昆虫的幼虫转变为成虫必须经过一个静止期，即蛹期；由幼虫转变为蛹的过程称为化蛹。末龄幼虫在化蛹前，先停止取食，寻找化蛹场所，缩短身体，停止活动，进入预蛹期或前蛹期，即末龄幼虫在化蛹前的静止时期，此后才蜕皮化蛹。

蛹基本可以分为离蛹(金龟子等)、被蛹(鳞翅目的蛹)和围蛹(双翅目的蝇类和一些蚧类等)3 种类型。

(5)成虫

①羽化：昆虫由若虫、稚虫(不完全变态类)或蛹(全变态类)蜕皮变为成虫的过程，称为羽化。

②交配及产卵：一般成虫性成熟后，立即交配、产卵。由羽化到第一次产卵的间隔时期称为产卵前期。

③产卵次数：往往交配次数多的产卵的次数也多。从第一次产卵到产卵终止的时期称为产卵期。对许多害虫的防治往往是在其产卵高峰期刚过后进行，这样效果才大。

④多型现象：指同一种昆虫具有两种以上不同类型的个体。不仅雌雄间有差异，而且包括同性的不同型。如社会性昆虫中(蜜蜂、白蚁、蚂蚁)多型现象更为复杂。

3. 世代和生活年史 昆虫从卵到成虫性成熟的个体发育史称为一个世代(或简称为"代")。一种昆虫在一年内发生的世代数，称为生活年史(或简称为"生活史")。

昆虫生活史的计算法，是从卵开始计算的。如越冬后出现的虫态叫做越冬代某虫态，其发育到成虫(称为越冬代成虫)所产的卵，才称为第一代卵，由第一代卵发育的成虫称第一代成虫，由第一代成虫产的卵称第二代卵……依此类推。

(1)休眠 昆虫为了安全渡过不良环境条件而处于不食不动、停止生长发育的一种状态，不良环境条件一旦解除，昆虫可以立即恢复正常的生长发育，这种现象称为休眠。因冬季低温处于休眠状态，这种现象称为越冬；夏季高温引起昆虫休眠，称为越夏。

(2)滞育 某些昆虫在不良环境还未到来以前就进入了停育状态，纵然给予最适宜的环境条件也不能解除，必须经过一定的环境条件(主要是一定时期的低温)的刺激，才能打破停育状态，这种现象称为滞育。从滞育开始到终止的期间称为滞育期。引起滞育的环境条件是光周期(指 24 小时内的光照时数)，而不是温度。它反映了种的遗传特性。

4. 昆虫的习性

(1)趋性 是昆虫接受外界环境刺激的一种反应。趋向刺激称为正趋性，避开刺激称为负趋性。

①趋光性：昆虫对光源的刺激，很多表现为正趋性，即有趋光性，是通过昆虫视觉器官而产生的反应。所以可以用灯光诱集昆虫。

②趋化性：昆虫对化学物质的刺激所产生的反应，有趋避反应，是通过昆虫的嗅觉器官（触角等）而产生的反应。

③趋温性：昆虫是变温动物，本身不能保持和调节体温，必须主动趋向环境中的适宜温度。

（2）食性　按照昆虫食物性质可将昆虫食性分为如下 2 类。

①植食性：昆虫以活的植物体为食。昆虫中约有 48.2％是属于此类，其中很多是重要的农业害虫。

②肉食性：昆虫以活的动物体为食。昆虫中约有 30.4％属于此类，其中又可分为：捕食性昆虫（捕捉其他动物为食，约占昆虫种类 28％）和寄生性昆虫（寄生于其他动物体内或体外，约占昆虫种类的 2.4％）。肉食性昆虫中有不少是害虫的天敌。

（3）群集性与迁飞性

①暂时性群集：群集的个体间并不营群体生活，个体间并无神经活动的联系，经过一定时期，这种群集就会消失，这种现象称为暂时性群集。这是因个体大量繁殖造成数量的激增。如柑橘木虱一至三龄的若虫只停在嫩梢、嫩叶上为害。

②永久性群集：昆虫个体群集后就不再分离，整个或几乎整个生命期都营群居生活，并常在体型、体色上发生变化，这种现象称为永久性群集，如飞蝗。

③转移与迁飞现象：不论是暂时性或永久性群集，因虫口数量很大，食物不足，而转移或迁飞为害。

④假死性：是昆虫用以逃生的一种习性。当虫体受到机械等刺激后，引起足、翅、触角或整个身体的突然收缩，由停留的地方掉下来，状似死亡，这种现象就称假死性。如金龟子、象甲等昆虫都

有假死性。

(四)果树常见害虫的天敌昆虫

害虫的天敌包括病原微生物(病毒、细菌、真菌、原生物和立克次氏体)、线虫、蛛形纲、昆虫纲(捕食性及寄生性昆虫)和一些脊椎动物等。下面简介果树害虫的主要天敌昆虫种类。

1. 小蜂 膜翅目小蜂总科昆虫的总称。是一种重要的寄生性天敌昆虫。在害虫自然控制中起重要作用。

(1)大腿小蜂 小蜂中体型最大的种类。体长2～7毫米,黑色或黑褐色,带有白、黄或红色斑纹;头、胸点刻粗糙,胸部膨大,盾纵沟明显;后足腿节膨大。主要寄生鳞翅目蛹或双翅目围蛹,有些可寄生叶甲或蜂类。如寄生小黄卷蛾、舞毒蛾等。

(2)广肩小蜂 体长1.5～6毫米,黑色,少数具鲜黄斑纹或略具金属光泽;前胸背板宽阔呈方形或长方形,胸部背面点刻粗密,盾纵沟完整。食性杂,一般寄生双翅目、鳞翅目和鞘翅目昆虫。

(3)金小蜂 体长1～3毫米,多为金绿色,也有蓝色或虹彩色的;触角12节,具2～3个环状节,盾纵沟常不完整。种类多,寄生广。我国各类害虫多有相应的金小蜂寄生。

(4)蚜小蜂 微小脆弱,体长不及1毫米,黄色至黑褐色,无金属光泽,触角至多8节;盾纵沟发达;前翅缘脉较长,痣脉短,后缘脉不发达;中足胫节较长但不粗大。它是果园蚜虫、蚧虫和粉虱的主要寄生蜂,多数种类能抑制寄主的种群数量。如黄盾蚜小蜂、岭南黄金蚜小蜂和丽蚜小蜂等,在防治果树害虫中作用良好。

(5)跳小蜂 较粗壮,体长一般1～2毫米,大的可达4～5毫米,具深黄、褐或黑金属光泽;触角至多11节;盾纵沟浅或缺;中足胫节距粗而长,善跳;前翅缘脉和后翅缘脉甚短。种类丰富,寄主范围甚广。寄生昆虫的卵、幼虫和蛹。如巨角跳小蜂和扁角跳小蜂防治果园蜡蚧的效果良好。

(6)赤眼蜂　体长 0.5～1 毫米，最小仅有 0.17 毫米。触角短，柄节较长，与梗节呈肘状弯曲，鞭节在各属之间差异甚大，均不超过 7 节；前翅边缘有缘毛，翅面上有纤毛；体粗短，腹部与胸部相连处宽阔。赤眼蜂有 40 余种，均为卵寄生。成虫产卵于寄主卵内，幼虫取食卵黄，化蛹，成虫羽化后咬破寄主卵壳外出自由生活。应用价值很高。

(7)旋小蜂　似跳小蜂，体长 2～4 毫米，常具金属光泽；触角具 1 个环状节和 7 个索节；前胸背板不横宽而向前收窄；前翅缘脉甚长，这些特征可与跳小蜂区别。寄生各种昆虫体内。我国常见的主要种为平腹小蜂，如荔蝽卵平腹小蜂寄生荔枝蝽的卵。

2. 食虫瓢虫　是捕食类瓢虫的总称，或称肉食性瓢虫。鞘翅目瓢虫科。约占瓢虫科的 3/4。成虫和幼虫以捕食叶螨、蚜虫、蚧虫、粉虱、木虱、叶蝉以及其他小型昆虫为主。

(1)捕食吹绵蚧　澳洲瓢虫、大红瓢虫和小红瓢虫等 3 种嗜食吹绵蚧。产卵于吹绵蚧背上、腹下或卵囊内，一至二龄幼虫取食蚧虫体液和卵粒，末龄幼虫和成虫捕食吹绵蚧的各虫态。

①澳洲瓢虫：成虫体长 3～4 毫米，密被细毛，背面红色，前胸背板后缘和小盾片黑色，鞘翅前、后各有一黑斑，沿两鞘翅的合缝基部 1/3 处也有一黑斑。幼虫灰红色，背面有黑点 4 列。在我国南方一年可以自然繁殖 6～8 代。

②大红瓢虫：成虫体长 5～6 毫米，红色，背面密被细毛；幼虫灰黑色，体侧枝突较长。在我国南方 1 年发生 4～6 代。1932 年引移浙江黄岩柑橘区消灭吹绵蚧。1953 年移植湖北宜都，1954 年移入四川泸州，此后移植福建、湖南、贵州控制吹绵蚧，均获成功。

③小红瓢虫：成虫形态与大红瓢虫相似，但体较小，腹面有黑纹；幼虫体侧突较短。在广东、广西、福建和台湾等地区的柑橘园捕食吹绵蚧。

(2)捕食粉蚧　主要是孟氏隐唇瓢虫。于 1955 年从前苏联引入广州,散放于广东、福建防治柑橘等经济作物上的粉蚧取得成功。广东已经发现有定居的自然种群。成虫体长 4.3～4.6 毫米,长卵形,体背被灰白细毛。头部黄色,前胸背板红黄色,小盾片黑色,鞘翅黑色,但末端红黄色;幼虫被蜡条,生活在粉蚧群体间,是典型的拟态。嗜食粉蚧,兼食吹绵蚧和蜡蚧,尤嗜蚧卵,一头四龄幼虫一昼夜可食 4 000～7 000 粒粉蚧卵,或 200～300 头幼蚧,或 40～60 头成蚧。

其他小毛瓢虫:南方常见捕食粉蚧的小毛瓢虫,还有黑方突毛瓢虫、圆斑弯叶瓢虫和台湾小毛瓢虫等。

(3)捕食叶螨(红蜘蛛)　食螨瓢虫属于小毛瓢虫亚科、食螨瓢虫属,是果树和大田作物红蜘蛛有效的捕食者之一。分布我国南方常见的有 3 种。

①广东食螨瓢虫:体长 1.37～1.46 毫米,唇甚至两复眼之间的下半部黄色,口器、触角、腿节末端、胫节及跗节黄色,基节及腿节的大部分为黄褐色,后基线伸至第一腹板的 1/2 处。

②拟小食螨瓢虫:体长 0.98～1.20 毫米,末端较狭,触角,口器及足黄至浅黄褐色,后基线伸展超过第一腹板的 2/3 处。

③腹管食螨瓢虫:体长 1.2～1.3 毫米,触角褐色,口器的浅色部分延至唇基,后基线伸达第一膜板的 1/3 处。

(4)捕食盾蚧　捕食果树上的黑点蚧、褐圆蚧、矢尖蚧、桑白蚧、梨圆蚧等多种盾蚧以及绵蚧、蜡蚧。

①红点唇瓢虫:成虫体长 3.4～4.9 毫米,黑色,每个鞘翅上各有一红色小斑。

②细缘唇瓢虫;背光滑,鞘翅外缘有分界明显的黑色缘纹。

(5)捕食蚜虫　捕食蚜虫的瓢虫大多数属瓢虫亚科,体卵圆形,背面光滑,不被细毛。幼虫身体背面有许多低矮的毛瘤。以捕食蚜虫为主,也常猎食木虱、粉虱、叶蝉和飞虱,主要有 4 种。

①七星瓢虫:体长 5～7 毫米,前胸背板黑色,前角上有淡黄色

斑，鞘翅橙红色，有 7 个黑色斑点。幼虫灰褐色，前胸有 4 个红斑，第一、第四腹节各有 2 个红斑。

②异色瓢虫：体长 5.4～8 毫米，体色橙黄、橙红至全部黑色，色斑变化有两种类型：体黄褐色者，前胸背板有“M”型黑色斑纹，鞘翅共有 19 个黑色斑点，其变化是一或几对或全部斑点消失；体黑色者，前胸背板黑色，两侧白色，每鞘翅上有 6 个、4 个、2 个或 1 个橙红色斑。共同特征在于鞘翅的末端有一横脊。

③角纹瓢虫：体长 3.8～4.7 毫米，黄色，前胸背板有一大黑斑，两鞘翅上黑色斑纹略呈“出”字形，带一个尾斑。

④六斑月瓢虫：体长 4.5～6.5 毫米，前胸背板基底黑色，前角、前缘及侧缘黄白色，鞘翅红色至橘红色，每鞘翅上有 3 条不整齐的黑色横带（六斑型）。或鞘翅基部 1/4 处有一橘红色大横斑，在鞘翅 2/3 处另有一不规则橘红色斑（四斑型）。

3. 其他常见害虫的重要天敌　其他害虫天敌包括：双翅目的寄生蝇和食蚜蝇等；半侧目的猎蝽和食蚜盲蝽等；脉翅目幼虫和成虫均为捕食性，常见的有中华草蛉、大草蛉等。

三、果树杂草的基本知识

（一）杂草的概念

对栽培植物生长发育产生干扰及抑制作用（包括对栽培植物所需水分、养分、光照与空气等生活条件的竞争）的其他草本植物，称为杂草。

（二）果园杂草的分类

南方果园的杂草，由于气候原因，发生量大，种类复杂，主要种类如表 2-1 所示。

表 2-1 南方果园杂草主要种类

科 目	中文名	别 名	生长周期
禾本科	马 唐	抓地草、鸡窝草、鸡爪草、面条筋	1年生
	狗尾草	绿狗尾草、绿毛香毛子、毛毛狗	1年生
	牛筋草	蟋蟀草、官司草、油葫芦草	1年生
	白 茅	茅草、茅根、茅柴、甜根草	多年生
	稗	稗草、稗子、野稗、粗稗、水稗子	1年生湿生
	金色狗尾草	金狗尾草、黄狗尾草、黄毛	1年生
菊科	刺儿菜	小蓟、刺蓟、刺蓟芽、小恶鸡婆	多年生
	山苦荬	苦菜、黄鼠草、小蒿苣、苦荬菜、燕儿尾	多年生
	苍 耳	野落苏、虱麻头、老苍子、苍子	1年生
	蒲公英	婆婆丁、黄花地丁	多年生
苋科	反枝苋	西风谷、苋菜、野苋菜、人苋菜	1年生
	凹头菜	野 苋	多年生
	空心莲子草	喜旱莲子草、水花生	多年生
大戟科	铁苋菜	海蚌含珠、沙罐草、野麻子	1年生
	地 锦	红丝草、雀儿卧蛋、铺地红	1年生
旋花科	田旋花	箭叶旋花、中国旋花、小喇叭花	多年生蔓性
	打碗花	小旋花、常春藤叶天剑、喇叭花	多年生蔓性
马齿苋科	马齿苋	马齿菜、马蛇子菜、马尿菜	1年生
莎草科	香附子	莎草、三棱子、回头青、旱三棱	多年生
茄 科	龙 葵	苦葵、野海椒、野葡萄、黑星星	1年生
鸭跖草科	鸭跖草	竹叶草、淡竹叶、翠蝴蝶、兰花草	1年生
蒺藜科	蒺 藜	刺蒺藜、蒺藜狗子、小老虎子	1年生
伞形花科	水 芹	水芹菜	多年生水生

续表 2-1

科目	中文名	别名	生长周期
豆科	决明	马蹄决明、假绿豆	1年生
藜科	藜	灰菜、灰条菜、落藜、白藜	1年生
	灰绿碱蓬	碱蓬、盐蒿	1年生

四、果树常用农药及器械

(一)农药的类别

1. 杀虫剂

(1)按来源分类

①植物性杀虫剂:这是一类以植物为原料制造的杀虫剂。如除虫菊、鱼藤酮和烟碱等。

②微生物杀虫剂:这是一类能使害虫致病的微生物(真菌、细菌、病毒)杀虫剂。如苏云金杆菌、白僵菌等。

③无机杀虫剂:这是一类无机物杀虫剂。如亚砷酸(白砒)和氟化钠等。

④有机杀虫剂:这是一类有机物杀虫剂,其中又分为天然有机杀虫剂和人工合成有机杀虫剂。天然有机杀虫剂:直接用天然物质或植物油脂来制造的杀虫剂,如煤油乳膏和松脂合剂等。人工合成有机杀虫剂:通过人工合成方法制造的有机杀虫剂,如敌百虫和敌敌畏等。后一类杀虫剂种类多,用途广,效果高,是目前最主要的一类杀虫剂。按其化学组成的不同又可分为:有机氯杀虫剂、有机磷杀虫剂、有机氮杀虫剂、拟除虫菊酯杀虫剂和氨基甲酸酯杀虫剂等。

(2)按作用方式分类

①胃毒剂:药剂通过害虫的口器及消化系统进入虫体,引起害

虫中毒死亡,这种作用称胃毒作用。具有胃毒作用的药剂称为胃毒剂,如敌百虫等。胃毒剂适用于防治咀嚼式口器的害虫,以及防治虹吸式(蛾类、蝶类)与舐吸式(蝇类)等口器害虫。

②触杀剂:药剂通过接触害虫的体壁而渗入虫体,使害虫中毒死亡,这种作用称为触杀作用。具有触杀作用的药剂称为触杀剂,如辛硫磷等。杀虫剂中大多数属于此类。触杀剂对各类口器害虫都适用。但对于体被蜡质等保护物的害虫,防治效果不佳。

③熏蒸剂:药剂在常温常压下能气化为毒气,或分解生成毒气,并通过害虫的呼吸系统进入虫体,使害虫中毒死亡。这种作用称为熏蒸作用,具有熏蒸作用的药剂为熏蒸剂。如敌敌畏和磷化铝等。熏蒸剂一般应在密闭条件下使用,如用磷化铝片防治果树蛀干性害虫等。

④内吸杀虫剂:药剂通过植株的叶、茎、根或种子,被吸收进入植物内或萌发的苗内,并且能在植物体内输导与存留,或经植物的代谢作用而产生更毒的代谢产物。当害虫刺吸带毒植物的汁液或咬食带毒的组织时,引起害虫中毒死亡,这种作用称为内吸杀虫作用。具有这种作用的药剂称为内吸杀虫剂(简称内吸剂),如乐果等。一般情况下,内吸杀虫剂只对刺吸式口器的害虫有效。

对绝大多数有机合成杀虫剂而言,它们的杀虫作用往往是多方面的。如乐果具有强烈的内吸和触杀作用。

此外,尚有拒食剂、驱避剂、诱致剂、不育剂及拟激素剂等特异性杀虫剂。

2. 杀菌剂 凡是对植物的病原微生物(真菌、细菌、病毒)能起毒杀作用或抑制作用,又不伤害植物的药剂,都属于杀菌剂。杀菌剂常根据作用、来源及化学组成分类。

(1)按作用方式分类

①保护剂:在病原微生物没有接触植物,或者虽已接触但还未侵入植物体内之前,用药剂来处理植物或植物所处的环境(如土

壤)，以保护植物免受危害。这种作用称为保护作用，具有保护作用的药剂称为保护剂。如波尔多液、代森锰锌、代森锌和福美锌等。

②治疗剂：病原微生物已经侵入植株体内，但植株尚未发病(处于潜伏期)，或已出现症状，此时用药剂来处理植株，可以杀死或抑制病原，使植株不再受害。这种作用称为治疗作用，具有治疗作用的药剂称为治疗剂。如多菌灵和甲基托布津等。

(2)按来源分类

①无机杀菌剂：利用天然矿物或无机物制成的杀菌剂。包括无机硫杀菌剂(如硫黄与石硫合剂)，无机铜杀菌剂(如硫酸铜和波尔多液等)，无机汞杀菌剂(如升汞)，以及硼砂和石灰等。

②有机合成杀菌剂：人工合成有机杀菌剂，包括有机硫杀菌剂(如代森类、福美类、敌锈钠和灭菌丹等)，有机铜杀菌剂(如松脂酸铜等)，有机磷杀菌剂(如稻瘟净等)，有机氯杀菌剂(如五氯硝基苯等)，有机砷杀菌剂(如退菌特等)，有机锡杀菌剂(如三苯基醋酸锡等)，杂环类杀菌剂(如粉锈宁、丙环唑等)，取代苯类杀菌剂(如百菌清等)，以及其他有机杀菌剂。

③农用抗菌类：这是通过微生物发酵得到的代谢产物，具有杀菌作用。大多数具有内吸性，选择性强，治疗作用大于保护作用，不污染环境。如春雷霉素、抗霉菌素、内疗素、井冈霉素等。

④植物性杀菌剂：由植物中提取的具有杀菌作用的物质，如大蒜素等。

此外，杀菌剂可以根据是否被植物内吸并传导、存留的特性，分为内吸性杀菌剂及非内吸性杀菌剂两大类。还可以根据使用方法分为种子处理剂、土壤处理剂和喷洒剂等。

3. 除 草 剂

(1)按用途分类

①灭生性除草剂：又称非选择性除草剂。能毒杀所有植物。主要用于非耕地等。这类除草剂大多为无机除草剂，也有一些有

机合成除草剂,如五氯酚钠和百草枯等。

②选择性除草剂:只对某些科属的植物有毒害,对其他科属植物则无毒或毒性很低。

(2)按作用方式分类

①内吸性除草剂:被植物的根或叶吸收并传导全株,破坏正常生理功能,使植株死亡。如2,4-D、阿特拉津和茅草枯等。

②触杀性除草剂:不能在植物体内传导,只能把接触药剂的部分组织杀死。因此,只能用来防治杂草地上部分,对1年生杂草有效,如五氯酚钠等。

此外,除草剂可以按来源分为无机除草剂、有机除草剂和微生物除草剂等。

4. 杀 螨 剂

(1)无机杀螨剂　如硫黄粉、多硫化钡和石硫合剂等。

(2)有机杀螨剂

①杀虫杀螨剂:如敌敌畏、辛硫磷、乐果、马拉硫磷、稻丰散、乙酰甲胺磷、亚胺硫磷、虫螨磷、喹硫磷、双甲脒和洗衣粉等。

②专用杀螨剂:如尼索朗、速螨酮、三氯杀螨醇、三氯杀螨砜、溴螨酯、螨卵酯、敌螨丹、克螨特、灭螨胺、三唑锡和苯丁锡等。

③激素类药剂:如除虫脲等。

④化学不良剂:如唑磷嗪等。

⑤生物素杀螨剂:如杀螨素、阿维菌素和浏阳霉素等。

(3)植物性杀螨剂　如烟碱和鱼藤酮等。

5. 杀线虫剂　这是一类防治植物病原线虫的药剂。如丙线磷(灭克磷)、克线磷(苯线磷)、克线丹、二氯异丙醚和棉隆等。这类药剂具有强烈的触杀和熏蒸作用,绝大多数因毒性高,其剂型多为颗粒剂,限于土壤处理方法使用。

6. 植物生长调节剂　这是一类包括人工合成或天然具有植物激素活性的物质,起到调节植物生长的药剂。

(1)生长素类　能促进细胞分裂、伸长和分化，延迟器官脱落，形成无籽果实等调节植物生长作用的物质。如吲哚类化合物（吲哚乙酸、吲哚丁酸）和萘乙酸类化合物（萘乙酸、萘乙酸胺）等。

(2)赤霉素类　能起到促进细胞伸长、促进开花和打破休眠等作用的物质。如目前已知有 72 种（即 $GA_1 \sim GA_{72}$），生产使用最多的为 GA_3、GA_4 和 GA_{4+7}。

(3)细胞分裂素类　能起到促进植物细胞分裂，保持地上部分绿色，延续衰老等作用的物质。如 6-苄基氨基嘌呤等。

(4)生长抑制剂类　能对种子的萌发，芽、根和枝条的伸长，有抑制作用的物质。如矮壮素、青鲜素和多效唑等。

(5)乙烯类　具有促进果实成熟作用的物质。如乙烯利等。

除以上六大类农药外，还有杀鼠剂等农药。

(二)农药的加工剂型

现在使用的农药大多数是有机合成农药。未经加工的农药叫做原药（固体的叫原粉，液体的叫原油），其中具有杀虫、杀菌或杀草等作用的成分叫做有效成分。原药除极少数品种外，绝大多数不能直接用于农业生产。这是因为每 667 平方米地每次用的原药很少，要使少量的原药均匀分散在大面积上，就必须在原药中对入分散的物质，如水、粉等，而绝大多数原药又是不溶于水的。此外，施用的农药还应该能良好地附着在病虫体上或植物体上，才能充分发挥药效。但一般原药不具备这样的性能，所以在原药中还应加入一些辅助剂。这样就需要将原药进行加工，制成一定的药剂形态，这种药剂形态叫做剂型，如可湿性粉剂和乳油等。农药加工对于改善药剂性能，降低毒性，保障安全，提高药效等方面，都起着重要的作用。农药剂型研究发展的方向，是生产使用对环境污染小和与环境相融的剂型（如水基性的农药剂型），以逐步代替对环境污染较大的乳油、乳剂等农药剂型。

1. 粉剂 是由原药加填充料,一同经过粉碎混合而制成的粉状制剂。低浓度粉剂供直接喷粉施用,高浓度粉剂供播种时做毒谷、毒饵、毒土和土壤处理用。粉剂不易被水所湿润,不能分散和悬浮于水中,因此切勿对水喷雾。

2. 可湿性粉剂 由原药加填充料悬浮剂或湿润剂,一同经粉碎混合而制成的粉状制剂。由于加有湿润剂和粉粒,而且又很细,在水中易被湿润、分散和悬浮,因此一般供喷雾使用。但不能将其当作粉剂喷施,因为它分散性差,浓度高,易使植物产生药害。

3. 乳油(乳剂) 是由原药加乳化剂、有机溶剂(或不用有机溶剂)后互溶制成的透明均匀的油状制剂。加水后变成不透明的乳状药液——乳剂。乳油根据使用浓度对水后供喷雾用。

4. 油剂 由原油加油质溶剂和助剂后,混合制成的油状制剂。用时不加水,直接进行超低容量喷雾。油质溶剂应为低挥发性、低黏度,对人、畜、作物安全。助剂是助溶剂、化学稳定剂、降低药害剂等。如25%敌百虫油剂及25%杀螟松油剂等。

5. 颗粒剂 由原药加某种载体和助剂,混合后制成的颗粒状制剂。颗粒剂持效期长,使用方便,可撒施或沟施(防治地下害虫)。

6. 水剂(水溶液剂) 即将水溶性原药直接溶于水中制成水剂,用时加水稀释到所需浓度即可喷施。

7. 水溶剂(可溶性粉剂) 由水溶性原药直接加工成为可溶性粉剂。将不易溶于水的原药,加入水溶性无机盐、水溶性有机化合物或少量水溶性吸附剂,制成可溶性粉剂。用时加水喷雾。

8. 悬浮剂 由不溶于水的原药,加入分散剂和湿润剂等混合后,在水或油介质中经超微磨研而制成的一种可流动性的液状制剂。由于兼有乳油和可湿性粉剂的优点,因而发展十分迅速。

9. 微乳剂 由原药加入乳化剂、分散剂、稳定剂等,形成透明或接近半透明的均相液体。一般药效比乳剂高5%~10%。

10. 水分散粒剂　由原药加入分散剂、湿润剂、崩解剂和黏结剂等，以及少量填充剂，通过湿法或干法粉碎细化后，往喷雾干燥和选粒等工艺，所制成的制剂。

此外，尚有乳粉、浓乳剂、乳膏、缓释剂、微粒剂、大粒剂、烟剂、气雾剂、微胶囊悬乳剂和片剂等农药剂型。

(三)常用施药器械类型及使用

1. 3WB-16 型背负式喷雾器(工农-16 型)

(1)调　整

①药械检查：加水检查药箱和喷雾器各连接部位是否漏水。

②流量测定：将清水倒入药箱，选定一定压力，把手动开关打开 1 分钟，让清水流入一个容器内，用量器测量。

(2)田间作业　施药前首先观察方向，要注意喷孔方向与风向一致；走向与风向垂直或不少于 45°；喷施时先在地块下风向外喷，避免人体接触药液，保证喷药质量。喷完药后，用清水洗净药箱、喷杆、喷头及软管等部件，并把管箱晾干。

(3)注意事项

①加药液切勿过满，使用时必须盖紧药箱盖，以免药液漏出。

②背上喷雾器后，应先扳动摇杆 6～8 次，使气室内有少许压力后打开开关，再边打边喷雾。气室压力以喷雾良好为准。

③严禁手拎喷雾器连杆，以免损坏传动机件。

(4)常见故障及排除　见表 2-2。

表 2-2　3WB-16 型背负式喷雾器常见故障及排除

故障现象	故障原因	排除方法
接头处漏水	接头处没有垫上垫圈	垫上垫圈
扳后连杆感觉费力和气室内打不进水	出水阀座内玻璃球被污物垫起或玻璃球损坏失圆	清洗或调换玻璃球和出水阀座

续表 2-2

故障现象	故障原因	排除方法
扳后摇杆用不上力和气室打不进水	①进水阀座内玻璃球被污物垫起,或玻璃球损坏失圆;②皮碗干缩或皮碗损坏	①清洗玻璃球和进水阀座,或调换玻璃球;②将皮碗浸油用手扳大些或更换新皮碗
喷不出雾	喷头孔堵塞;离心喷头体斜孔堵塞	疏通喷头片孔;疏通斜孔
打水时有抽气现象	吸水滤网片阻塞	洗刷滤网片

2. 东方红-18 型背负式机动弥雾喷粉机 是一种轻便、灵活、效率高的植保机械。既能喷雾,又能喷粉和喷撒颗粒肥料等。

(1)调　整

①检查:机器各零件是否齐全,安装是否正确牢固。

②起动前的准备:检查压缩比,一般用手转动起动轮,活塞接近上死点时有定压力,并且越过上死点时,曲轴能很快地自动转过一个角度。这是因为压缩气体迫使活塞下行。检查火花塞跳火情况,一般蓝火花为正常。

③起动:加燃油;开燃油阀,手柄尖头朝上表示“开”,转过 90°是“关”。开启油门,将油门操作柄往上提 1/3～1/2 位置;调整阻风门,阻风门往外为“关”,往里为“开”;揿加油杆出油为止。这是为了查看浮子室内是否有燃油。将起动绳按右旋方向绕在起动轮上,缓拉几次,使混合油雾进入汽缸,然后平稳而迅速拉起动绳,良好的汽油机拉 3～5 次即可起动;起动后随即将阻风门全部打开,低速运转 3～5 分钟,待机器温度正常后再加速。

(2)田间作业

①背上机器后,调整油门开关,使汽油机转速稳定在 5 000 转/分左右,然后开启手把开关转芯,手柄朝后为开,反之为关。

②喷雾时,应侧风或顺风行走,不能顶风行走。

③弥雾喷洒时不可将喷头直接对准作物，而应随作物的高矮调节弯管的上、下方。

④要停止动转时，事先将药液开关闭合，减小油门，使汽油机低速运转 3～5 分钟关闭油门，最后关闭燃油阀。

(3)常见故障及排除　见表 2-3。

表 2-3　东方红-18 型背负式机动弥雾喷粉机常见故障及排除

故障现象	故障原因	排除方法
喷雾量不足	①喷嘴堵塞；②开关堵塞；③进气阀未打开；④药箱盖漏气；⑤汽油机转速下降；⑥药箱内进气管不通；⑦过滤网组合通气孔堵塞	①清洁喷嘴；②清洗开关；③开启进气阀；④旋紧药箱盖检查胶垫是否垫正；⑤检查下降原因；⑥整理进气管；⑦疏通气孔
手把开关漏水	①开关压盖未旋紧；②开关芯上垫圈磨损；③开关芯表面油脂涂料少	①旋紧压盖；②更换垫圈；③在开关芯表面涂一层油脂
药液进入风机	①进气塞与进气胶圈配合间隙过大；②进气胶圈被药液腐蚀失去作用；③进气塞与过滤网组合之间进气管脱落	①更换进气胶圈或将进气阀周围加一层胶布，使之与进气胶圈配合有一定紧度；②更换新胶圈；③重新安好，用铁丝紧固
药箱盖漏水	①药箱盖未旋紧；②胶圈未垫正；③胶圈损坏	①旋紧药箱盖；②垫正胶圈；③更换胶圈
输液管各接头漏液	塑料管因药液浸泡变软连接松动	用铁丝拧紧各接头或换新塑料管

3. 工农-36 型(担架式)机动喷雾机

(1)调整　喷药前将吸水滤网投入清水中，发动机器，进行试喷，检查各接头处有无渗漏现象，并据喷雾状况进行调整。

(2)田间作业

①将滤网吸管投入药液中。

②起动机器,待一切正常后,打开截止阀,即可喷出药液。

③机具转移工作地点时,若时间不长,一般不超过15分钟,可以不停机,但要做好以下几点:降低汽油机转速,使其处于怠速状态;从药液中取出吸水滤网前,先“卸压”,然后关闭截止阀,让部分液体在液泵内循环,以达到泵内始终有液体润滑胶碗;转移完毕后,立即把吸水滤网放入药液中,然后调整转速及压力,旋开截止阀即可开始工作。

(3)注意事项

①喷雾机在工作时,吸水滤网不得离开药液。因为脱水空转,易使胶碗损坏而引起机器故障。

②压力表指示的压力不稳定,应立即停机检查,排除故障。

③在水泵和动力机配合时,将水泵转速调整为700～800转/分。太快,易破坏泵内各机件;太慢,又会影响正常工作。

④在更换胶碗重新装配时,应注意胶碗和胶碗托的方向要正确,并拧紧螺母,以免脱落,损坏机件。

思 考 题

1. 果树病害的症状有几种类型？其发生三要素是什么？它们之间的关系怎样？

2. 解释下列名词:孵化,化蛹,羽化,龄期,产卵前期,产卵期,世代,生活史,休眠,滞育,趋性,食性,群集性,迁飞性和假死性。

3. 什么叫杂草？杂草主要有哪几个科？

4. 什么是农药剂型？农药剂型主要有哪些种类？各有何特点？

5. 常用三种施药器械是什么？其主要故障原因是什么？如何进行排除？

第三章　柑橘类果树主要病虫害及防治

柑橘类果树是我国重要的栽培果树，包括台湾省在内，共有19个省、直辖市、自治区种植，主产区分布在浙江、福建、湖南、四川、广西、湖北、广东、江西、重庆和台湾等南方10个省、直辖市、自治区，总产量居全球第三位。由于南方高温多雨，生长期长，故柑橘病虫种类繁多，发生严重。本章重点介绍柑橘黄龙病等16种病害和柑橘红蜘蛛等10种害虫的形态特征、田间诊断症状，以及发生规律与防治方法。

一、柑橘类果树主要病害及防治

(一)柑橘黄龙病

黄龙病主要分布于广东、广西、福建和台湾4个省、区、四川西南部、江西南部、浙江南部、湖南南部及云南、贵州的局部地区也有发生。该病为系统侵染性病害，苗木和幼龄树发病后，一般在1～2年内死亡，成年树则往往在3～5年后枯死或失去结果能力。在病害流行区，由于其传播蔓延速度极快，曾造成数十万亩的柑橘园在短短几年内全部丧失经济栽培价值，导致严重的经济损失，是柑橘类果树毁灭性最大的一种病害。

1. 田间诊断　田间柑橘树(苗)上只要表现如下一种病状，即可判定为黄龙病树(苗)。

(1)斑驳叶　转绿后的新梢叶片，从基部附近开始褪绿转黄，并逐渐向叶片中上部扩展，成为一大块不规则的黄斑，与叶片未转黄的绿色部分,形成黄绿相间的斑驳状。有的斑驳叶可表现为主脉一侧全部变为黄色,而另一侧仍为绿色,有的叶片最后也可发展为全叶均匀黄色。黄斑始发于叶片基部,且叶脉亦随黄斑部分变黄为斑驳叶,是黄龙病与其他原因引起的黄化症状相区别的最基本特征。

(2)红鼻果　着色期和成熟期的果实,果蒂附近着色而果顶附近部分不着色,即呈现一端橘红(橘黄)而另一端仍为绿色,俗称"红鼻果"。此种果实显著变小,畸形,品质变劣。

2. 发生规律　本病由一种韧皮部杆菌属的柑橘黄龙病细菌引起,可通过苗木和接穗作远距离传播,柑橘木虱为田间近距离传播的媒介昆虫。初侵染源在病区主要是田间病树,在新区主要是带病苗木和接穗,带菌的柑橘木虱也可成为初侵染源。田间病树的多少,是本病是否发生流行的首要条件;而柑橘木虱的有无,则是病害是否发生流行的决定性因素。无木虱则病害不流行,有木虱则病害发生流行;木虱少则病害传播蔓延速度慢,危害轻。已知几乎所有的柑橘类果树都可感染此病,其中椪柑、蕉柑、南丰蜜柑和砂糖橘等品种最易感病,也最易衰退;甜橙类次之,温州蜜柑和沙田柚较耐病,金柑耐病。幼龄树和刚进入盛产期的结果树,比老年树易感病,也易衰退。

3. 防治方法　在新区和无病区要抓好以下防治工作:严格执行植物检疫制度,严禁引入病区苗木和接穗;培育和种植无病苗木;掌握柑橘木虱的发生动态,严防传入果区,一旦发现,应立即喷药扑杀。

在病区应实施以下防治工作:培育无病苗木。如难于找到合适的隔离地点,可在防虫网棚内育苗;新建果园除采用无病苗木建园外,还应尽量与老果园隔离,严禁在病果园旁边建新果园;严格防除柑橘木虱(具体防治方法见本书"柑橘木虱"一节);及时彻底挖除病树。

(二)柑橘溃疡病

溃疡病为柑橘类果树上的一种检疫性病害，可侵染柑橘属、枳属和金柑属的几乎所有的柑橘种类和品种，尤以甜橙类、柚类、莱檬类和枳发病重，柑类和橘类品种一般发病较轻，金柑抗病。该病主要危害柑橘的枝、叶、果，常引起大量落叶、落果，可造成严重的经济损失。

1. 田间诊断　叶上形成近圆形的灰褐色病斑，在叶的正反面隆起，呈木栓化，表面粗糙，病斑中央呈火山口状开裂，周围有明显的黄色晕环。如无潜叶蛾等害虫为害时，受害叶一般不变形。枝条和果实上病斑与叶上的相似，但开裂更为明显，病斑周围一般无黄色晕环。

2. 发生规律　本病为细菌侵染所引起。前一年病斑(特别是秋梢上的病斑)上的越冬病菌是初侵染源。翌年春季，病部溢出菌脓，借风雨、昆虫、人畜和枝叶接触传播。病原菌在柑橘幼嫩枝梢、叶片和果实上，只要这些器官保持有20分钟的水膜，就可经伤口及气孔和水孔侵入。其潜育期一般为3～10天。高温、多湿、多雨是本病发生和流行的必要条件。病原菌的侵入期主要在新梢自剪前一周左右，当新梢长3～13厘米时是侵入盛期，顶芽自剪至叶片转绿前是侵入末期。而抽出的嫩梢、嫩叶和刚形成的幼果，以及老熟的组织，都不感病或不易感病。一年中的发病盛期，叶溃疡为6～8月份，果溃疡为6～7月份。夏、秋梢发病率占全年总发病率的98%以上，是全年防治的重点。柑橘的不同种类和品种的感病性差异很大，一般是枳、枳橙、甜橙和柚类最感病，柑类次之，橘类较抗病，金柑最抗病。此外，苗木和幼树比成年树发病重，树龄越大，发病越轻。偏施氮肥或潜叶蛾等新梢害虫严重时，亦可加剧发病。

3. 防治方法

①实行植物检疫，禁止病区苗木、接穗和果实流入非病区。

②培育和种植无病苗木。

③合理施肥,特别是不要偏施氮肥。同时,通过抹芽控梢,促进夏、秋梢的整齐抽发和统一老熟,缩短病原菌的侵入期,从而减轻发病。

④在冬季或早春柑橘树抽梢前,彻底剪除病枝叶,清除园地落叶、残果和枯枝,集中烧毁。对重病枝应短截,对重病树应行重剪,更新树冠。修剪后喷洒 0.8～1 波美度石硫合剂清园。对幼树主干病斑,可用利刀刮除后涂抹 1∶1∶15～20 倍的波尔多液。在春、夏、秋各次梢老熟后,选晴天或阴天露水干后,剪除病枝叶和病果,集中烧毁,减少传染源。

⑤喷药保护新梢和幼果。在春梢长 3 厘米、夏梢和秋梢长 1.5～3 厘米时,各喷药 1 次,并各相隔 10～15 天后再喷 1 次。成年树以保果为主,在谢花后 10 天、30 天和 50 天各喷 1 次。药剂可选用 77%可杀得(氢氧化铜)可湿性粉剂 400～600 倍液,或 80%必备(波尔多液)可湿性粉剂 400～600 倍液,或 50%琥胶肥酸铜可湿性粉剂 700 倍液,或 2%加收米(春雷霉素)水剂 600～800 倍液,或 50%代森铵水剂 600 倍液,或农用链霉素 700～1 000 毫克/千克浓度液加 1%酒精等。

(三)柑橘疮痂病

柑橘疮痂病在我国各柑橘产区均有分布,尤以中亚热带和北亚热带柑橘产区严重。该病主要危害柑橘的新梢、嫩叶和幼果,致使枝梢和叶片生长受阻,果实脱落或发育不良、品质变劣。

1. 田间诊断 叶上病斑多发生在叶片背面,呈蜡黄色至黄褐色,木栓化,直径为 0.3～2 毫米,病斑周围组织圆锥状突起,叶片正面凹陷,病斑不穿透两面。受害叶片多扭曲畸形。嫩梢上病斑与叶上相似,但病斑周围组织突起不明显。果实受害后,果皮上会长出许多散生或群生的瘤状突起,果小、畸形、易脱落。

2. 发生规律　该病为痂囊孢菌属的一种真菌引起，其菌丝体在发病枝、叶上越冬，翌年春季产生分生孢子，借助风雨或昆虫传播，侵入春梢嫩叶、嫩枝、花和幼果。该病只侵染幼嫩组织，刚抽出的嫩芽、尚未展开的嫩叶以及谢花后不久的幼果最易感病。高湿多雨适于发病，15℃～24℃的温度最有利于发病，超过25℃时较少发病，气温达28℃以上时，病害基本停止扩展。橘类、柑类、沙田柚、酸柚和莱檬类较感病，甜橙类较抗病。苗木和幼树发病较重，壮年树次之，15年生以上的老树很少发病。

3. 防治方法

(1)剪枝清园　结合冬、春季修剪，剪除树上病枝病叶，清除地上枯枝落叶和残果集中烧毁，减少菌源。

(2)喷药保护　苗木和幼树，在每次梢期喷药2次，在芽长0.5厘米时喷1次，10～15天后喷第二次。结果树在春芽长0.5厘米时和落花2/3时，各喷1次，夏、秋梢用药期同幼树，如不留夏梢，则夏梢期无需喷药。药剂可选用:80%新万生(代森锰锌)可湿性粉剂600～800倍液，或77%可杀得(氢氧化铜)可湿性粉剂400～600倍液，或30%松脂酸铜乳油600～700倍液，或12.5%敌力康(烯唑醇)可湿性粉剂2 000～2 500倍液，或25%博洁(苯醚甲环唑)乳油2 000～2 500倍液，或55%杜邦升势(氟硅唑＋多菌灵)可湿性粉剂800～1 200倍液等。

(四)柑橘炭疽病

柑橘炭疽病发生极为普遍，在我国各地柑橘产区都有发生。该病常造成柑橘树大量落叶、梢枯和落果，导致树势衰弱，产量和品质下降。在贮运期间，可引起果实大量腐烂。

1. 田间诊断　该病主要危害叶片、枝梢和果实，也可危害大枝、主干和花器。

(1)叶片症状　一般分为慢性型和急性型两种。

①慢性型:多发生于成长叶或老熟叶的叶缘和叶尖。病斑近圆形或不规则形,黄褐色,边缘褐色,病健部界限分明。天气干旱时,病部中央呈灰白色干枯,上生许多小黑点(病原菌的分生孢子盘);天气潮湿时,病斑上可溢出朱红色的黏液(病菌的分生孢子团)。

②急性型:病斑初为淡青色或青褐色开水烫伤状,后扩大为水渍状、边缘界限不清晰的波纹状大斑块。天气潮湿时,病斑也可溢出朱红色的黏液。

(2)枝梢症状　枝梢发病,多从叶柄基部腋芽处开始。病斑初为淡褐色,椭圆形,后扩大为长梭形。当病斑环绕枝条一周时,病梢即枯死。

(3)果柄(梗)症状　果柄受害后,初时褪绿,呈淡黄色,其后变褐干枯,呈枯蒂状,果实随后脱落。

(4)果实症状　幼果受害后,初为暗绿色油浸状不规则病斑,后扩大至全果。病斑凹陷,变为黑色,成僵果挂在树上。成熟果受害后,病斑近圆形,褐色,革质,凹陷,其上散生许多黑色小粒点。病斑可扩及全果,在潮湿条件下病斑扩张很快,可引起果实腐烂。

2. 发生规律　该病由一种被称为胶孢炭疽菌的真菌所引起。病菌是一种弱寄生菌,属潜伏侵染性病害。病菌在病枝、病叶和病果上越冬。翌年春天,病菌的分生孢子借助风雨、昆虫及枝叶接触,传播至寄主组织表面,从伤口或气孔侵入,导致发病。夏、秋季高温多雨或冬季冻害较重,或早春气温低和阴雨多的年份和地区,易发生此病。

该病的发生流行和危害轻重,与树龄、树势、土壤条件及栽培管理等关系密切。例如老树、弱树比幼树、壮树病重;土壤板结、土层瘠薄、有机质含量低、排水不良的果园病重,反之则病轻。

通风透光不良以及红蜘蛛、天牛、介壳虫、根线虫病等病虫危害严重的果园,炭疽病加重发生。

3. 防治方法

(1)加强栽培管理　果园实施扩穴深翻,增施有机肥和磷、钾肥,及时排除积水,注意修剪,保持果园良好的通风透光,增强树势,提高树体抗病力。冬季结合修剪,剪除发病枝叶和病果,集中烧毁,并喷布一次0.8波美度石硫合剂或晶体石硫合剂100～150倍液。

(2)适时喷药保护　在华南产区,4～5月份,如有的春梢基枝的叶片开始变黄,甚至有些春梢和花、果变为黄褐色,发生凋萎且较普遍时,应立即喷药防治。7～8月份,如结果枝上的叶片变黄,果柄上有病斑,或有些秋梢基枝的叶片变黄,枝条上有病斑,即应喷药防治。可供选用的有效药剂有:80%新万生(代森锰锌)可湿性粉剂600～800倍液,或70%施蓝得(丙森锌)可湿性粉剂800～1 000倍液,或25%使百克(咪鲜胺)乳油1 000～1 500倍液,或50%使百功(咪鲜胺锰盐)可湿性粉剂2 000～2 500倍液等。

(五)柑橘茎陷点病

柑橘茎陷点病,又称茎陷点型柑橘衰退病。我国的大多数柑橘产区的脐橙、夏橙等甜橙类品种有发生,重庆、四川、浙江和广西等地区的一些柚类品种,以及广西的温州蜜柑与暗柳橙等品种上也有发生,已成为这些地区柑橘的一种严重病害。

1. 田间诊断　病树枝条木质部具有陷点或陷沟(简称茎陷点),是本病最有代表性的症状:剥开1年生或2年生枝条的皮层,可见其木质部呈现淡黄色的条状陷点或陷沟。轻者,陷点细小和稀疏;重者,陷点多如蜂窝状,或陷点长而凹陷明显。在脐橙和夏橙等甜橙类品种上,主要表现茎陷点症状,在脐橙上还会表现春梢叶片扭曲畸形,果实变扁、变小的症状。在沙田柚、酸柚等柚类品种上,还可表现出植株矮化,春梢短而丛生,叶片扭曲畸形。在温州蜜柑上,一般不表现茎陷点症状,而表现类似柚类品种的植株矮化,春梢短促和丛生,春梢叶片扭曲畸形等症状。此外,在春梢幼嫩期,还会出现船形叶和叶明脉或黄脉症状;果实膨大期果面出现放射状沟槽,后随果实的长大而逐渐消失。在暗柳橙上,主要表现为幼嫩春梢的船形叶和叶脉脉明或黄脉,转绿后的春梢叶片也可表现类似于温州蜜柑春叶的扭曲畸形状。而在果实膨大期,果面上会出现深浅及大小不等的凹坑,后可随果实的长大而逐渐消失。未经脱毒的暗柳橙无性系后代植株,无茎陷点症状,而其实生苗则可表现茎陷点症状。

2. 发生规律 本病是由柑橘衰退病毒(CTV)的茎陷点毒系引起的一种传染病,可通过带毒苗木、接穗传播。在田间由橘蚜、棉蚜、橘二叉蚜和锈线橘蚜等蚜虫传播。其中橘蚜是传毒率最高的虫媒。因此,随着蚜虫种群数量的增加,茎陷点病的危害性也更加重。此外,由于橘蚜的存在,带毒隐症的柑橘树可能成为潜在的危险。

茎陷点病可感染几乎所有的柑橘种及其杂种,其中大多数甜橙品种和柚类品种则高度感病,而大多数宽皮柑橘类品种耐病或较耐病;对柑橘衰退病的苗黄株系和酸橙砧柑橘树衰退株系耐病或抗病的砧木,如枳和枳橙及酸橘等,不抗茎陷点病,甜橙和柚类实生苗也不抗病。

3. 防治方法 对于只有零星发生的果园,应及时挖去病株,并加强传毒蚜虫的防治,减缓其传播蔓延的速度。选择适合本地的柑橘衰退病毒株系,利用其做弱毒交叉保护,是茎点病最有效的防治方法。目前,在未用弱毒交叉保护办法前,培育和栽种无茎陷点病的苗木,对减轻幼龄果园的危害有积极作用。

(六)柑橘裂皮病

柑橘裂皮病是一种世界性的危险性传染病,广泛分布于我国的各柑橘主产区,一些采用感病砧穗组合的果园因严重发病而导致全园毁灭的情况时有发生,已成为威胁我国柑橘生产持续发展的重要病害之一。

1. 田间诊断　以枳、枳橙和莱檬等感病品种作砧木的柑橘树患病后，其砧木部的皮层纵向开裂，之后老皮剥落，新皮又开裂，如此反复发生。这是该病最具特征性的症状。而病树嫁接口以上的接穗部的皮层生长正常，不开裂。枳砧病树则表现砧穗部粗细正常（正常树砧木部显著大于接穗部）；莱檬砧则可表现上大（接穗部）下小（砧木部）的异常症状。患病植株在苗期无症状表现，而在定植后 2～3 年或更长时间，开始表现砧木皮层开裂症状。由于树冠生长受抑制而表现矮化或严重矮化，枝条短而纤弱，花多而结果少、果小、皮光滑，品质变劣，严重时可导致整株死亡。

该病在酸橘、红橘、粗柠檬等抗病品种作砧木的柑橘树上无可见症状，为带毒隐症植株。对带毒隐症植株可用伊特洛格香橼亚利桑那 861 品系作指示植物，以做出诊断。该病在指示植物上的症状是新叶中脉抽缩，致使叶片向叶背严重卷曲。有时，叶片形状正常，但病株不抽新梢，而在成熟叶片背面的主脉两侧出现长短不一的“黑脉”。“黑脉”可散生也可呈网状。发病严重的植株，可同时发生叶卷曲和“黑脉”两种症状。

2. 发生规律　本病由柑橘裂皮类病毒引起，可通过嫁接传播，也可通过被污染的刀剪等工具传播。因此，带毒的隐症植株可能成为潜在的传染源。此外，菟丝子也能传病。但迄今未发现有昆虫传播此病，种子也不传病。

裂皮病可感染几乎所有的柑橘类果树，但在耐病的砧穗组合（如酸橘或红橘嫁接的甜橙或宽皮柑橘）上隐症。在敏感砧木（枳、枳橙、莱檬）的柑橘树上，可严重发病。但其潜育期一般长达数年之久。对于隐症植株和尚未表现症状的敏感植株，目前多用指示植物鉴定进行甄别。

3. 防治方法

（1）培育和种植无病苗木　无病苗木可从两个途径获得：一是通过指示植物鉴定选择田间无裂皮病的优良单株，直接采穗繁殖；

二是对带病的优良母树,采用茎尖嫁接方法脱除裂皮病后培育无毒母树,再从这种无毒母树上采穗培育无病苗木。

(2)工具消毒　在嫁接或修剪了可能感染了裂皮病的植株后用10%漂白粉(含次氯酸钠5.25%)溶液或1%～2%次氯酸钠擦洗消毒用过的刀、剪等工具,并立即用清水洗净,以免刀、剪被腐蚀而生锈,且防止田间传播。

(3)选用耐病砧木　可应用耐病砧木(如酸橘、红橘、枸头橙),以防裂皮病的严重危害。对一些裂皮较重,长势、结果较差的植株,也可通过靠接耐病砧木的方法,促使树势恢复,带病结果。但不能在耐病砧木的柑橘树上直接采穗繁殖苗木,而且在这种树上用过的刀、剪等工具在消毒后才能在其他橘树上使用。

(4)挖除病树　对症状明显,生长衰弱,已无经济栽培价值的病树,应及时砍除。

(七)柑橘碎叶病

碎叶病主要危害以枳及其杂种作砧木的柑橘树。我国浙江、广东、广西、福建、台湾和湖南等地区的一些栽培品种,以及湖北和四川的个别地方品种感染碎叶病。局部地区的一些果园受到了严重危害。因此,碎叶病与裂皮病一样,已成为我国柑橘生产的一种潜在的威胁。

1. 田间诊断　病树特征性症状是紧邻嫁接口的接穗基部显著肿大,砧穗愈合口的木质部呈黄褐色环缢状。病植株矮化,受强风等外力推动时,有的病株容易从嫁接口处断裂,裂面光滑。后期病树叶片叶脉黄化,类似环状剥皮引起的黄化,黄叶易脱落,严重的全株枯死。在指示植物腊斯枳橙和粗皮莱檬上,表现叶片缺刻,叶面凹凸不平及不规则黄斑。

2. 发生规律　该病是一种病毒病,主要危害以枳及枳的杂种作砧木的柑橘树。可通过嫁接及受污染的刀、剪等工具传播。至今未发现昆虫传病。其寄主范围较广。受侵染的枳橙、枳檬、枳金柑等枳的杂种和厚皮莱檬表现症状,其他品种感染后无症状。

3. 防治方法 除脱毒方法不同外,其他措施与裂皮病相同。本病的脱毒可采用如下2种方法:

(1)热治疗脱毒 在人工气候箱中,白天16小时,40℃,光照;夜间8小时,30℃,黑暗。处理带病苗木2个月以上可获得无病毒母树。

(2)高温—茎尖嫁接脱毒 即病苗先经上述热治疗后,再取芽做茎尖嫁接,培养无毒母树。

(八)柑橘树脂病

柑橘树脂病主要危害柑橘树的枝干、叶片和果实,常引起柑橘大量落叶、梢枯和落果,导致树势衰弱,产量、品质下降,甚至整株死亡。

1. 田间诊断

(1)流胶和干枯 枝干受害,有2种表现类型:

①流胶型:多发生在主干分杈处及其下部的主干上,病部皮层变灰褐色坏死,渗出褐色黏液,有恶臭。

②干枯型:病部皮层红褐色,干枯略下陷,病健交界处有一明显隆起的界线。

(2)黑点(沙皮) 叶片和幼果受害,表面发生许多散生或密集成片的黑褐色硬质小疱点,明显凸起,表面粗糙,称为黑点病或沙皮病。

(3)枯枝 生长衰弱的果枝或上年冬季受冻害枝,受病原菌侵染后,病部呈现褐色病斑,病健交界处常有小滴树脂渗出。严重时可使整条枝条枯死,枯死枝条表面散生许多黑色小粒点。

(4)褐色蒂腐 成熟果(多在贮运期)受害,果蒂周围出现水渍状、淡褐色病斑,逐渐成为深褐色,病部渐向脐部扩展,边缘呈波纹状,最后可使全果腐烂。由于果肉比果皮腐烂快,当1/3～2/3果皮变色时,果心已全部腐烂,故称“穿心烂”。

2. 发生规律 本病的病原为一种真菌。在枯枝上越冬的分生孢子器为翌年初侵染源。借风、雨、露水和昆虫传播,从伤口侵入而引起发病。本病周年都有发生,以6～10月份发生较多,柑橘树受冻害、日烧、机械损伤、虫伤等造成伤口是本病发生流行的重要条件。树势衰弱也容易引发此病。

3. 防治方法

(1)冬季防冻害 在有霜雪的地区,冬季气温下降前,对树干培土或包裹塑料袋防冻害。霜冻前1～2周,橘园全面灌水一次或地面铺草,可起防寒作用。霜冻期间,橘园堆草熏烟也有防冻作用。

(2)清除病原 早春前,结合修剪剪除病枝梢,锯除枯死枝,集中烧毁,减少橘园菌源。

(3)暑天涂白防日烧 在盛暑前用生石灰5千克、食盐250克和水20～25升配成的涂白剂涂白树干。

(4)刮治 枝干发病时,用利刀将病部的坏死腐烂组织彻底刮掉,并刮去边缘0.5～1厘米宽的健康组织,深达木质部。刮后及时涂药,以杀死木质部的残余病菌。全年涂药分两期,5月份和9月份各一期,每期涂药3～4次,每周一次。涂抹剂可用:3.3%治腐灵(腐殖钠·铜)膏剂15～20克原液/株,或70%甲基硫菌灵可湿性粉剂1份+植物油3～5份+1%硫酸铜液等。

(5)药剂喷雾保护嫩梢、幼果 在春梢萌发前,落花2/3时及幼果期,分别喷药一次,可防治叶、果上的黑点病。药剂可选用:80%新万生(代森锰锌)可湿性粉剂600～800倍液,或70%施蓝得(丙森锌)可湿性粉剂800～1 000倍液,或77%可杀得(氢氧化铜)可湿性粉剂400～600倍液,或30%松脂酸铜乳油600～700倍液,或50%多菌灵可湿性粉剂600～800倍液,或0.5∶1∶100波尔多液等。

(九)柑橘脚腐病

脚腐病主要危害柑橘主干基部,引起皮层腐烂,致使树冠叶片黄化,树势衰退,直至死树。

1. 田间诊断　病斑多始发于根颈基部,不定形,病部皮层变褐腐烂,有酒糟味,常流出褐色胶液。严重时可向上蔓延至主干离地 30 厘米处,向下蔓延至根群。

2. 发生规律　本病由多种疫霉菌引起,其病原菌以菌丝和厚垣孢子在病株和土壤中的病残体上越冬,翌年 4～5 月份后,旧病斑中的菌丝继续危害健康组织,同时形成孢子囊,释放出游动孢子,随水流或土壤传播,从植株根颈部侵入而引起发病。一年中 4～9 月份都可发病。不同砧木抗病性差异很大,如枳和枸头橙抗病,莱檬类品种则较易感病,酸橘和红橘则介于上述两类之间。

3. 防治方法　选用抗病砧木。定植时嫁接口要露出地面,并注意改良土壤,防止积水,耕作时防止刮伤树干,及时防治天牛和吉丁虫等树干害虫。轻病树在春、秋两季用刀将病烂皮刮除,并深刻纵道数条,涂抹上 20%安克(烯酰吗啉)可湿性粉剂或 50%锐扑(氟吗啉+乙膦铝)可湿性粉剂 50～100 倍液或 3.3%治腐灵(腐殖酸钠·铜)膏剂 15～20 克原液/株。涂第一次药后,隔 2 个月再涂 1 次。重病树可用抗病砧木靠接换砧,借以取代原有病根,并增施腐熟有机肥,以促进树势的恢复。

(十)柑橘褐腐病

主要危害接近成熟和已成熟的果实,也可危害叶片,造成落果和落叶,贮运期发病引起烂果。

1. 田间诊断　果皮上初生浅褐色水渍状圆形病斑,后迅速扩展而致全果变色腐烂,在潮湿条件下,病部长出白色菌丝。病果可发恶臭味。叶片受害产生浅褐色水渍状圆形病斑和白色稀疏菌丝。

2. 发生规律 本病由疫霉菌引起。病菌在果园土壤及病残体中腐生,潮湿地面上形成游动孢子,随雨水飞溅至近地面的果实上。在果面的任何部位都可侵入,侵染10天内就可发病,也可潜伏1～2个月后才发病。越成熟的果实越易感病,高温、高湿条件,尤其雨后光照强的条件有利于发病。品种间的感病性稍有差异,椪柑、甜橙(尤以脐橙病重)和沙田柚较易感病,温州蜜柑较少发病。

3. 防治方法 结果多的树可用竹竿等支起近地结果枝,以防雨水将病菌溅到树枝和果上。果实近黄熟时,在树冠下部及地面喷布如下任意一种药液加以保护:20%安克(烯酰吗啉)可湿性粉剂2 000～2 500倍液或50%锐扑(氟吗啉+乙膦铝)可湿性粉剂500～700倍液。贮运期发病,防治方法同青霉病。

(十一)柑橘青霉病和绿霉病

青霉病和绿霉病可危害柑橘、苹果、猕猴桃等多种果树,主要危害成熟果实,为贮运期的主要病害。

1. 田间诊断

(1)青霉病 初期出现水渍状圆形软腐病斑,2～3天后病斑上长出白霉状菌丝层,并很快长出青色粉状霉层(病菌的分生孢子梗和分生孢子),外围白色菌丝带较窄,仅1～2毫米。果实腐烂后与包纸或其他接触物不粘连。烂果产生霉变气味。

(2)绿霉病 初期产生水渍状圆形软腐病斑,几天后病斑上长出白霉状菌丝层,随后在白色菌层上长出绿色粉状霉层(病菌的分生孢子和分生孢子梗),外围白色菌丝带较宽,达8～15毫米,果实腐烂后与包纸或其他接触物粘连。烂果发出闷人的芳香气味。

2. 发生规律 青霉病的病原为一种称为意大利青霉的真菌,绿霉病由一种指状青霉所引起。两种病的病原菌常腐生在各种基物上，借气流或接触传播，由伤口侵入。果面伤口是引起本病大量发生的关键因素。此外，长期单一使用某一种杀菌剂，病菌产生抗药性，使药效日趋下降，也是发病严重的原因之一。

3. 防治方法

(1)适时采收，提高采果质量 实践证明，果实八成熟时采收既能保护果品风味，也较耐贮藏。此外，采果及贮运过程中轻拿轻放，减少伤口，也是控制腐烂的关键之一。

(2)药剂处理 采果前对贮藏库和工具消毒。每立方米库房用 10 克硫黄粉加锯木屑，点火发烟熏蒸 24 小时，或用 25% 使百克(咪鲜胺)乳油 1 000～1 500 倍液喷雾。工具可置库房内一起熏蒸或喷雾。果实在采后 3 天内，用杀菌剂浸果数秒钟，捞起滴干药水并置室内 2～3 天后，即可入库或包保鲜袋贮藏。浸果可选用如下药剂:25%使百克(咪鲜胺)乳油500～1 000 倍液，或 50% 戴唑霉(抑霉唑)乳油 2 000～2 500 倍液，用时应加入 80%2,4-D 钠盐 4 000 倍液混用。

(十二)柑橘根结线虫病

大多数柑橘品种都可患此病。被害植株形成根结，并最终导致病根坏死，树势逐渐衰退，甚至全株凋萎枯死。

1. 田间诊断 线虫侵入须根，使根组织过度生长，形成大大小小的虫瘿，即瘤状根结。新生根瘤乳白色，后变为黄褐色至黑褐色，受害小根扭曲，短缩，严重时根系盘结成须根团。最后病根坏死，老根瘤腐烂。受害轻的成年植株树冠部分无明显症状;受害重时，叶片失去光泽并黄化，开花多，着果少，冬季落叶严重，树势逐渐衰退，数年后可致全株死亡。

2. 发生规律 本病由根结线虫引起。病原线虫以卵及雌成虫越冬，由病苗、病根和带有病原线虫的土壤、水流以及被污染的农具传播。在条件适宜时，卵在卵囊内发育成为一龄幼虫，蜕一次皮后成为二龄侵染幼虫,侵入嫩根为害,使根尖形成不规则的根瘤。幼虫则在根瘤内生长发育,再经3次蜕皮后发育成为成虫。雌雄成虫成熟后交尾产卵,卵聚集在雌虫后端的胶质卵囊中,卵囊一端露在根外。

3. 防治方法 实行植物检疫,禁止病苗传入无病区。培育和栽种无病苗。对带病苗木消毒:用45℃热水浸根25分钟,可杀死病原线虫。春季在树冠滴水处开环状沟,每667平方米施入10%克线丹(硫线磷)颗粒剂4～5千克,然后覆土、灌水。此外,每平方米用1毫升0.2%阿维菌素乳油2 000～3 000倍液,用喷雾器喷洒树盘周围地面后,用耙耙土混土两次,防治效果很好。

(十三)缺　镁

在各柑橘主产区都有发生。广西产区普遍发生,引起叶片早期脱落,严重时造成隔年结果。

1. 田间诊断 老叶和果实附近的叶片,沿中脉两侧开始发生不规则黄斑,逐渐向叶缘扩展,使叶片大部分变黄,仅在靠近中脉的基部和叶尖残留三角形的绿色区。

2. 防治方法 在酸性土中施镁石灰或碳酸镁,中性土中施硫酸镁。5月份以后,对树冠喷布绿芬威4号粉剂800～1 000倍液,或志信高镁粉剂1 500～2 000倍液,间隔10～15天,连喷2～4次,可使轻病树恢复。

(十四)缺　锌

全国各柑橘主产区都有发生,广西普遍发生,可致果实变小,产量减少。

1. 田间诊断 主要表现在新梢叶片上。叶小而窄(俗称辣椒叶),主脉和侧脉及其邻近的一小部分叶肉组织保持绿色,其余的叶肉组织则褪绿呈现黄色。严重时顶枝枯死。果偏小,颜色偏浅。

2. 发病条件　本病由于缺乏锌元素引起，属生理性病害。以下任何一种原因都可导致缺锌症：一是土壤含有效锌低于3%；二是酸性土壤或碱性土或含磷量过高；三是氮肥过多或土壤湿度过大；四是钾、铜元素过量。

3. 防治方法　增施有机肥，改良土壤。叶面喷施锌肥。柑橘树萌芽时对树冠喷布绿芬威1号粉剂800～1 000倍液，或志信高锌粉剂1 500～2 000倍液，间隔10～15天，连喷2～3次。

（十五）缺　锰

受害柑橘树叶片轻微失绿，常与缺锌症伴随发生。

1. 田间诊断　与缺锌症相似，也表现为新梢叶片的主、侧脉及其邻近叶肉组织保持绿色，其余部分叶肉组织黄色，一般叶片大小正常，叶肉组织绿色部分也较缺锌症多，对果实的大小和品质的影响不大。

2. 发病条件　本病由于缺乏锰元素引起，属生理性病害。酸性土锰淋溶严重，或碱性土锰可溶性低，均可发生缺锰症。石灰性土极易产生缺锰症。

3. 防治方法　在新梢和叶片转绿时，喷布志信高锰粉剂1 500～2 000倍液，相隔10天，连喷2～3次。树干涂抹硫酸锰50～100倍液，可促进新梢生长。

（十六）缺　硼

受害柑橘树叶片和果实表现症状，引起叶片和幼果掉脱，造成减产。该病除柑橘外，梨、葡萄、柿、桃等树种也普遍发生。

1. 田间诊断　嫩叶上产生水渍状小点，叶片扭曲，叶背主脉基部有水渍状斑。当叶片长成时，这些小斑点变成黄白色透明状，叶片易早落。老叶叶脉肿大，主、侧脉木栓化，严重时破裂，叶肉暗褐色，无光泽，向后卷曲。幼果果皮棕色，厚而硬，易早落。残留树上的病果个小,果面有瘤,萎缩呈畸形;内果皮厚而硬,白色;中果皮及果心充胶;种子发育不良,小而弯曲;果汁少,含糖量低。

2. 发病条件 本病由于缺乏硼元素引起,属生理性病害。土壤含硼量低;酸性土施用石灰过多或碱性土因酸化和淋溶而使硼流失;早春遇到干旱。

3. 防治方法 合理施肥,增施有机肥,改良土壤。花期前后大量施肥灌水,可减轻幼果发病。增施硼肥,结合果园冬季施肥,每株用持力硼或志信大地硼 5～10 克,单独施用或与氮、磷、钾肥混合施用;柑橘开花前 7～10 天,用速乐硼或志信高硼 1 000～1 500 倍液叶面喷 1 次。第一次生理落果期前及幼果膨大期,再用速乐硼或志信高硼 1000～1500 倍液叶面各喷 1 次。

二、主要害虫及防治

(一)柑橘螨类害虫

柑橘上的螨类害虫,为害普遍和严重的有柑橘红蜘蛛(橘全爪螨)、柑橘四斑黄蜘蛛(柑橘始叶螨)、茶黄螨(侧多食跗线螨)和柑橘锈壁虱(柑橘锈蜘蛛)4 种。

1. 柑橘红蜘蛛 又称橘全爪螨、瘤皮红蜘蛛。

(1)为害特点 主要为害柑橘类果树的叶片、嫩枝、幼果、花蕾,被害部位先褪绿后呈灰白色斑,叶片失去光泽,严重时造成落叶。

(2)形态特征 成螨体长 0.3～0.4 毫米,足 4 对,体暗红色,椭圆形,背面有瘤状突起。卵的直径约 0.13 毫米,球形,红色。幼螨及若螨体鲜红色至暗红色。

(3)发生规律 在桂林地区每年发生 21～22 代,世代重叠。多以卵和成螨在枝条裂缝及叶背越冬。田间发生数量与环境因子关系密切。春季气温偏高,干旱少雨时发生严重,秋季发生较重,夏季高温发生较轻。在柑橘树上的分布，随着枝梢抽发而顺序转移为害；越冬基数在 1 头/叶时春季发生重，0.5 头/叶时发生轻；化学农药使用不合理杀伤天敌，如喷布无机铜制剂及某些菊酯类农药后，可诱发虫口增殖。

2. 柑橘始叶螨　又称柑橘四斑黄蜘蛛或柑橘黄蜘蛛。

（1）为害特点　寄主以芸香科植物为主，还可为害桃和葡萄等植物。为害叶片、花蕾、果及嫩枝，以春梢嫩叶受害最重。被害部位褪绿，形成黄色斑点或斑块，嫩叶受害处往往凹陷畸形，凹陷处常有丝网覆盖，即产卵于网下，严重时出现落叶、落花、落果和嫩梢枯死等现象。

（2）形态特征　雌成螨体长 0.35～0.42 毫米，近似梨形，腹部末端宽钝。雄成螨体长约 0.3 毫米，体呈菱形，腹部末端稍尖。成螨体黄色或橙色，足 4 对，体背有明显的黑褐色斑 4 个。初孵幼螨近圆形，淡黄色，体长约 0.17 毫米，足 3 对。若螨体形与成螨相似，但较小。

（3）发生规律　以成螨、卵和老龄若螨越冬，但以成螨为主。当春梢抽发后，即向春梢上的新叶转移，秋后则向夏秋梢转移。3～4 月份虫口最多，6 月份以后因气温高，虫口下降，10 月份以后虫口数量往往回升。田间发生数量与气温关系最密切，该虫较耐低温，高温对其生长发育不利。其他因子的影响基本与柑橘红蜘蛛相同。

3. 侧多食跗线螨

（1）危害特点　侧多食跗线螨又称茶黄螨或热螨。寄主有茶、辣椒、茄子及柑橘类果树等 64 种植物。以幼螨和成螨危害幼芽、嫩叶、嫩枝及幼果。柑橘嫩叶受害后呈灰白至灰褐色，叶片增厚，硬脆，形似柳叶状。

（2）形态特征　雌成螨椭圆形，体黄色半透明，沿体背中线有一白色条纹，足 4 对；雄成螨淡黄色或橙黄色，半透明，体椭圆形，足 4 对。卵椭圆形,背有 6 排白色凸出刻点,底平滑。幼螨初孵出时白色,近椭圆形,足 3 对。若螨体菱形,半透明。

(3)发生规律　以雌成螨越冬。一般在 5 月下旬开始活动,6～8 月份高温季节为盛发期。卵多产于叶背、叶柄和芽缝内,附着牢固。田间短距离扩散主要依靠成螨爬行,风或其他飞行昆虫是远距离传播的媒介,还可随寄主(主要是苗木)的引进或输出而扩散。

4. 柑橘锈壁虱　又称柑橘锈螨或锈蜘蛛。

(1)为害特点　此螨仅为害柑橘类果树。以成若螨群集在果面、叶片及绿色嫩枝上为害。受害果面由锈色发展为褐色,严重时形成"黑皮果"。受害叶片初为黄褐色,后渐变为黑褐色。嫩枝受害状与叶片受害状相似。

(2)形态特征　成螨体长 0.1～0.2 毫米,楔状或锥形,黄色或橙黄色,头小、伸向前方,足 2 对,背面和腹面有许多环纹,腹面约为背面的 2 倍。卵圆形,表面光滑,灰白色透明。初孵幼螨白色,透明,第一次蜕皮后为若螨,体淡黄色,比幼螨大 1 倍。

(3)生活习性　以成螨在夏、秋梢的腋芽、叶片、嫩枝、卷叶内越冬。翌年 3～4 月份越冬成螨开始活动取食,春梢抽发后,从越冬处转移到新梢上为害和繁殖,5 月下旬至 6 月中旬陆续为害幼果,7～8 月间虫口剧增,一直猖獗为害到 11 月中下旬。田间发生数量与气候、栽培、天敌等因素有关,尤以气候关系最为密切,高温、干旱时有利于该虫生长繁殖,为害发生严重。

5. 柑橘害螨防治方法

(1)检疫措施　柑橘瘤壁虱和柑橘芽瘿螨为内检对象。对柑橘苗木、接穗果实都应执行检疫制度,防止传入未发生的地区。

(2)农业防治　合理的肥水管理,尤其在肥料的配制中,氮、磷、钾比例要适当,氮肥过多的情况下有利于害螨发生。

(3)生物防治　采取人工释放或使某些生态条件有利于天敌的繁殖生长,达到抑制害螨种群数量的措施。

①以虫治螨：食螨昆虫有82种，研究最多的是瓢虫、花蝽、肉食性蓟马、草蛉等。如食螨瓢虫的一头幼虫日食柑橘红蜘蛛为24头或卵243粒，一头成虫日食柑橘红蜘蛛28头或卵288粒。

②以螨治螨：植绥螨是害螨的重要天敌。如钝绥螨从幼螨至成螨的周期，可捕食害螨200～500头。经田间试验，释放尼氏钝绥螨的橘园，不用施农药，并可将柑橘红蜘蛛压低在1头/叶的无害水平。近年来，福建地区曾有从英国引进胡爪钝绥螨进行人工饲养获得成功的事例，在一些橘园释放后，控制柑橘红蜘蛛的效果明显，但该技术在柑橘黄龙病区应用需谨慎。

(4)化学防治

①柑橘红蜘蛛化学防治：采果后至柑橘萌芽前，进行冬(或春)季清园，用95%以上机油乳剂150倍液或45%晶体石硫合剂200～300倍液等；柑橘花前越冬卵初卵期至若虫期用95%以上机油乳剂200倍液，或5%尼索朗(噻螨酮)乳油1 500～2 000倍液，或12.5%哒噻(哒螨灵＋噻螨酮)乳油1 500～2 000倍液等；日均温在20℃以上，春、秋季有虫3头左右/叶，夏季5头左右/叶时，喷57%螨涕(炔螨特)乳油2 000～2 500倍液，或57%剑效(炔螨特)乳油2 000～2 500倍液，或30%永隆(哒螨灵＋炔螨特)乳油1 500～2 000倍液等药剂。

②防治柑橘始叶螨和侧多食跗线螨时，使用的药剂与柑橘红蜘蛛相同。

③锈壁虱化学防治：当田间有虫叶率20%～30%时，立即喷药，可用20%好年冬(丁硫克百威)乳油1 000～1 500倍液，其他药剂参见柑橘红蜘蛛。

(二)柑橘蚧类害虫

为害柑橘的介壳虫种类很多，发生为害遍及柑橘的根、茎、叶、果。主要有：吹绵蚧、堆蜡粉蚧、橘棘粉蚧、柑橘粉蚧、龟蜡蚧、褐圆蚧、红圆蚧、糖片蚧、黑点蚧和矢尖蚧等。

1. 矢 尖 蚧

(1)为害特点　矢尖蚧寄主植物种类很多,在广西地区为害的果树有柑橘、龙眼、黄皮等。为害寄主植物的叶片、枝干、果。发生多时,叶片卷缩发黄,干枯凋落,树势衰退,果实受害部分周围不能褪绿转黄成熟。

(2)形态特征　雄介壳粉白色,长形,背面有三条纵背,长1.3～1.6毫米;雌成介壳箭头形,黄褐色至深褐色,介壳中央有明显的纵背,两侧有许多向前斜伸的横纹,体长约为宽的2倍以上。雄成虫细长,长约0.5毫米,橙黄色,翅1对,翅展1.7毫米;雌成虫体长形,长约2.5毫米,橘橙色,长约为宽的2.2倍。卵椭圆形,橙黄色,表面光滑。若虫椭圆形,淡黄色,足3对。雄蛹椭圆形,橙黄色。

(3)发生规律　以受精的雌成虫越冬。孵化的一龄若虫,经2～3小时后活动,找到适宜处即固定取食为害。桂林地区各代若虫盛发期:第一代5月上中旬,第二代7月上中旬,第三代9月上中旬。田间发生轻重与越冬基数,果园生态条件(荫蔽果园发生较重),气候及天敌等因素有关。

2. 褐 圆 蚧

(1)为害特点　除为害柑橘类果树外,还可为害多种林木及观赏植物。在柑橘上,以若虫和雌成虫吸食叶片、嫩枝、果实的汁液,被害处出现淡黄色斑点,常造成落叶,影响树势。

(2)形态特征　介壳圆形,壳点在中央,紫褐色。雌介壳直径约2毫米,雄介壳略小。雌成虫淡黄色,倒卵形。雄成虫淡橙黄色,足、触角、交尾器及胸部背面褐色,前翅1对,半透明。卵长卵形,橙黄色,幼蚧卵形,口器发达,极长,伸过腹部末端,体淡黄色。

(3)发生规律　在广东地区每年发生5～6代,福建4代,在广西每年发生4～5代。各代一龄若虫发生期:第一代5月中旬,第二代7月中旬，第三代9月下旬，第四代10月下旬至11月中旬。以受精雌成虫越冬，卵产于介壳下。当卵孵化为若虫后，即出壳活动，待觅得合适处就固定下来，并吸食汁液。雌若虫经2次蜕皮后变成雌成虫。雄若虫蜕皮2次为蛹，羽化后为雄成虫。每雌产卵80～100多粒不等。以夏、秋季发生为害严重。

3. 粉蚧　柑橘上常见的粉蚧有橘小粉蚧、橘粉蚧、长尾粉蚧和堆蜡粉蚧，局部地区还有柑橘地粉蚧和柑橘根粉蚧。发生比较多的是堆蜡粉蚧和橘小粉蚧。为害柑橘、梨、桃、李、枣、柿、石榴、栗等果树。现以堆蜡粉蚧为例介绍。

(1)形态特征　雌成虫体椭圆形，灰紫色，体背被厚蜡粉，体周缘蜡丝较为粗短，末对蜡丝粗而略长。产卵期分泌的卵囊状若棉团，白色、略带黄色。雄成虫紫酱色，前翅1对，半透明，腹末有白色蜡质长尾刺1对。卵椭圆形，淡黄色，藏于卵囊中。若虫紫色，形似雌成虫，初孵若虫无蜡质粉堆，待固定取食后，体背和周缘分泌白粉状蜡质物渐增多。雄蛹形似雄成虫，但触角、足和翅均未伸展。

(2)发生规律　在我国南方每年发生5～6代，以若虫和成虫在树干、枝条裂缝和卷叶、蚂蚁巢内等处越冬。翌年2月开始活动，主要为害春梢枝条。一、二代若虫发生盛期较整齐，分别在4月上旬和5月中旬，第三代后出现重叠现象。一年中以4、5月份及10、11月份虫口密度最大、为害最重。若虫和雌成虫常群聚于嫩梢、果柄和果蒂上为害，叶柄和小枝上也不少。嫩梢受害后，枝叶扭曲，新梢停止生长，甚至枯死。果实受害后呈畸形瘤肿，容易脱落，诱发煤烟病。一般情况下，雄虫发生数量极少，基本行孤雌生殖。雌虫产卵于卵囊中，约200～500粒。若虫孵出后经3次蜕皮成雌成虫；雄虫则经4次蜕皮化蛹。

4. 柑橘蚧类防治方法

(1)植物检疫　有介壳虫寄生的苗木要除虫，防止传播。

(2)农业防治　适当合理修剪,剪除虫枝,集中烧毁。同时通过修剪可以改善橘园通风透光的条件,不利于介壳虫的生长。

(3)保护利用天敌　蚧类的天敌种类很多,如捕食吹绵蚧的天敌大红瓢虫、澳洲瓢虫等和寄生盾蚧类的金黄蚜小蜂等。单用有机磷农药对天敌杀伤大,而且随介壳虫虫龄的增大而效果降低,而使用石油乳剂和松脂合剂,既能保护生态平衡,又无公害。

(4)药剂防治　掌握在一龄幼蚧盛期喷药。多种介壳虫第一代初龄若虫盛期在 5 月上中旬前后喷药,隔 10 天后再喷 1 次,或在二龄高峰期喷药,兼治迟发的一龄幼蚧,可以少喷 1 次药。药剂可选用:在冬、春一般使用松脂合剂 10～15 倍液,或 98.8%机油乳油 150～200 倍液;在生长季节用 40%毒死蜱乳油 1 000～1 500 倍液,或 50%灭虫露(稻丰散)乳油1 000～1 500 倍液。

(三)黑刺粉虱

黑刺粉虱除为害柑橘类果树外,还可为害柿、梨、茶、葡萄、枇杷、苹果等多种植物。以幼虫群集在寄主的叶片背面,吸吮汁液,被害处形成黄斑,并分泌蜜露,诱发煤烟病,使枝叶发黑、脱落,树势衰弱。

1. 形态特征　雌成虫头胸部褐色,腹部橙黄色,覆有薄的白粉;雄成虫体较小。卵长椭圆形、弯曲,初产时乳白色,后渐变为黄色,有一直立短柄,附着叶面。幼虫体被刺毛,黑色、有光泽,在体躯周围分泌一圈白色蜡质物。蛹壳黑色有光泽,周围有一圈白色蜡质分泌物,边缘锯齿状,壳背显著隆起。

2. 发生规律　在广西每年发生 4～5 代。以若虫在叶背上越冬,翌年 3 月份开始化蛹,4 月份大量羽化为成虫,立即交尾,产卵于叶背居多,散生或密集呈圆弧形。幼虫一生蜕皮 3 次。二至三龄幼虫固定在叶背面为害,严重时布满整张叶片背面,排泄增多,诱发煤烟病。种植过密,施肥不当(尤其偏施氮肥)、植株荫蔽、果园通风透光不良等生态环境均有利于该虫的生长发育及繁殖。

3. 防治方法

（1）农业措施　种植密度适当，剪除病虫枝、弱枝、交叉枝，改善果园的通风透光条件。合理施肥，忌偏施氮肥。

（2）药剂防治　在各代一、二龄幼虫盛发期用药，尤其要抓好第一代幼虫盛发期用药，是防治黑刺粉虱及其他粉虱的关键时期。冬季清园用10～15倍松脂合剂或98.8％刹死倍乳油150倍液。生长季节可选用98.8％刹死倍乳油200～300倍液，或15％金好年（吡虫啉＋丁硫克百威）乳油1 500～2 000倍液，或40％万灵将（灭多威）可湿性粉剂700～1 000倍液，或10％蚜虱净（吡虫啉）可湿性粉剂2 000～2 500倍液等药剂进行防治。

（3）保护和利用天敌　粉虱的天敌有寄生蜂、瓢虫、单蛉和寄生菌等。其中刺粉虱黑蜂、刀角瓢虫和粉虱座壳孢等存在较为普遍，在用药时，要注意避开天敌活动盛期，并适时加以利用。

（四）柑橘粉虱

柑橘粉虱除为害柑橘类果树外，还可为害柿、女贞和丁香等多种植物。以幼虫群集在寄生植物叶片背面吸吮汁液。主要为害柑橘的春梢和夏梢，诱发煤烟病。

（1）形态特征　雌成虫体长1.2毫米，黄色，被有白色的蜡粉，翅半透明，有白色蜡粉；雄成虫体长0.96毫米。卵淡黄色，椭圆形，卵壳平滑，以卵柄着生在叶上。初孵幼虫为淡黄色，老熟幼虫为黄褐色，体扁平椭圆形，周缘有小突起17对。蛹壳近椭圆形，黄绿色，羽化后为白色。

（2）发生规律　在广西每年发生3～4代。以幼虫及蛹越冬。桂林第一代成虫发生在4月份，第二代在6月份，第三代在8月份。雌成虫产卵于叶片背面，每雌产卵100粒左右。除两性生殖外，也可营孤雌生殖，其所生的后代均为雄虫。

(3)防治方法　同黑刺粉虱的防治方法。

(五)柑橘木虱

柑橘木虱以若虫为害嫩芽和嫩叶,受害芽凋萎、叶片畸形,其排泄物散布枝叶上,能诱发煤烟病。该虫还可传播柑橘黄龙病。

1. 形态特征　成虫体长2.8～3毫米,青灰色,密布褐色斑纹,头部前方的两个颊锥明显凸出如剪刀状,休止时头部向下,腹部翘起,体与附着面呈45°角。卵橘黄色,杧果形,长0.3毫米;若虫共5龄,体淡黄至黄褐色或稍带青绿色,扁椭圆形,状似盾甲。

2. 发生规律　在桂林每年发生7～8代。以成虫在寄主植物的叶背上越冬。翌年3月上中旬,在新梢上产卵于嫩芽、嫩叶上,每雌成虫产卵700～800粒不等。一至三龄若虫只在嫩叶附近活动,吸食寄主汁液,排出白色丝状的排泄物,常诱发煤烟病。其田间虫口数量消长与柑橘新梢抽发时间相对应。一般5月上旬为第一个发生高峰期,7月上旬和9月为第二个和第三个高峰期。

3. 防治方法　成片果园种植同一柑橘品种,加强栽培管理,使枝梢抽发集中整齐,并摘除零星嫩梢,可减轻为害。营造防护林的果园,有一定荫蔽度,木虱发生少。保护利用天敌,主要有寄生蜂、瓢虫和草蛉等。采完果后立即喷一次药,杀灭越冬木虱,并及时剪除未老熟的晚秋梢或冬梢。采果后挖除黄龙病树之前和每次嫩梢抽发期(尤以春梢和秋梢抽发期)均应喷药。防治成虫有效药剂有:20%好年冬(丁硫克百威)乳油1 000～1 500倍液,或40%万灵将(灭多威)可湿性粉剂700倍液,或10%蚜虱净(吡虫啉)可湿性粉剂1 500～2 000倍液,或15%金好年(吡虫啉+丁硫克百威)乳油1 500～2 000倍液等药剂。

(六)橘　蚜

除为害柑橘类果树外,还可为害梨、桃、柿等果树。以若虫和成虫群集在嫩梢的嫩叶和嫩茎上，吸吮汁液，嫩叶受害后凹凸不平，皱缩卷曲，严重时引起落花、落果，新梢枯死，其分泌蜜露能诱发煤烟病，导致树势衰弱。橘蚜还是田间传播柑橘衰退病的媒介昆虫。

1. 形态特征　无翅胎生雌蚜体长 1.3 毫米，全身墨绿色，触角灰褐色，复眼红黑色；有翅胎生雌蚜形似无翅胎生雌蚜。卵黑色，有光泽，椭圆形，长约 0.6 毫米，初产时淡黄色，有翅蚜若虫的翅芽在第三龄和第四龄已明显可见。

2. 发生规律　1 年发生多个世代，其越冬虫态也因地区有差异。在桂林或高海拔气温低的橘区以卵在柑橘枝干上越冬，而桂南高温橘区，冬季仍可见幼蚜和成虫活动，雌成虫亦可进行孤雌生殖，无明显越冬现象。越冬卵到翌年春，孵化为无翅胎生若虫，在新梢、嫩叶、花蕾、花及幼果上为害，生长发育成熟后胎生繁殖后代，当叶片老化、虫口拥挤及气温升高等不良条件下，产生大量有翅胎生雌蚜，迁飞到其他橘树等寄主上为害，到了冬季，产生有性雄蚜和有性雌蚜，并交尾，卵多产在细枝上并以此卵越冬。生长发育最适温度为 24℃～27℃，故春梢、秋梢和早冬梢上发生最多，受害最重。

3. 防治方法　保护利用瓢虫、草蛉、食蚜蝇等自然天敌。当发现有 25%～30%的新梢上有蚜虫时，可用 20%好年冬乳油 1 000～1 500 倍液，或 10%蚜虱净可湿性粉剂 1 500～2 000 倍液，或 15%金好年乳油 1 500～2 000 倍液等药剂。或用植物性农药（鱼藤精、烟碱等）等药剂对新梢喷雾都有效果。

（七）柑橘潜叶蛾

只为害柑橘类果树，以嫩叶为主，少数为害嫩梢和幼果。幼虫潜入嫩叶，蛀食叶肉，留下表皮，被害叶形成曲折迂回的隧道，卷曲硬化，严重时叶片脱落，叶片受害后，伤口易被柑橘溃疡病菌侵入。

1. 形态特征 成虫体长约 2 毫米,体、头及前后翅均为银白色。卵椭圆形,呈半球状突起,半透明,外表光滑。幼虫共 4 个龄期,末龄幼虫黄绿色、扁平、长纺锤形,足退化。蛹纺锤形,初为淡黄色,渐变为黄褐色,外被黄褐色薄茧。

2. 发生规律 在桂林每年发生 12 代。以蛹在柑橘的冬梢上越冬,也有少数老龄幼虫越冬。成虫多在清晨羽化,卵散产于 1～3 厘米长柑橘嫩梢的嫩叶背面中脉两侧,卵孵化出的幼虫潜入叶内为害。正常年份,在 6 月上旬至 7 月上旬、8 月中旬至下旬和 9 月中旬至 10 中旬为幼虫为害的 3 个高峰期。春梢基本不受害,夏、秋梢遇到幼虫高峰期受害严重。

3. 防治方法

(1)农业防治 抹除零星抽发的夏梢和秋梢,使其集中抽放,切断虫源。在成虫产卵末期,即卵量开始低落时,留放秋梢,可减轻秋梢受害。放梢前半个月,应加强肥水管理,使抽梢整齐,缩短受害期。

(2)药剂防治 幼虫孵化初盛期是防治适期,放梢后 20 天内喷药 2 次,傍晚喷药效果好。可选用 20％好年冬乳油1 000～1 500倍液,或 20％灭扫利(甲氰菊酯)乳油 1 000～1 500 倍液,或 15％金好年乳油 1500～2000 倍液,或 40％万灵将可湿性粉剂 700～1 000 倍液等药剂。

(3)保护和利用天敌 主要有寄生蜂和草蛉等。

(八)柑橘花蕾蛆

柑橘花蕾蛆又称柑橘瘿蚊等,是柑橘类果树重要的花期害虫。成虫产卵于花蕾中,幼虫在花蕾内蛀食生长,被害花蕾畸形、膨大。

1. 形态特征 成虫形似小蚊,全体灰黄褐色,并密生细绒毛。翅透明、淡紫红色,上生细毛。卵无色透明,长椭圆形,长约 0.16 毫米,外有一层很薄的蜡质,末端的胶质延长成细丝。幼虫蛆形,分为3龄，三龄期幼虫体长2.5～3毫米，长纺锤形，黄白色。蛹纺锤形，初为乳白色，渐变为黄褐色，近羽化时复眼和翅芽变为黑色。

2. 发生规律　在广西每年发生1代，少数地区发生2代。以老熟幼虫在树冠下表土层中越夏和越冬，翌年3月下旬化蛹，4月上旬成虫羽化产卵，4月中下旬为幼虫孵化和为害盛期。成虫在开始现白、直径约2～3毫米、顶端结构不够紧密或有明显裂缝或小孔的花蕾内产卵，露出柱头的畸形花不产卵，产卵期15天。土湿、土松有利于羽化出土。老熟幼虫遇雨时也有利于入土。

3. 防治方法　冬季深翻园土，有利于消灭越冬幼虫。成虫羽化即将出土之际，用40%辛硫磷乳油400～600倍液喷洒地面消灭出土幼虫。在多数花蕾现白时，用80%敌敌畏乳油800～1 000倍液，或10%吡虫啉可湿性粉剂1 500～2 000倍液等药剂对树冠喷雾，杀死成虫，连续施2次，相隔8～10天。

（九）吸果夜蛾

吸果夜蛾种类很多。其中最主要的是嘴壶夜蛾，占全体数量的3/4。成虫在柑橘果实成熟前后，刺破果面，吸食汁液为害，伤口软腐呈水渍状，果实终至脱落。

1. 形态特征　成虫体褐色，头部红褐色，前翅棕褐色，外缘中部突出成角，角的内侧有一个三角形红褐色纹，后缘中部内陷，翅尖至后缘有一深斜“H”形纹，肾状纹明显；卵扁球形，黄色，有暗红花纹；幼虫漆黑，背面两侧各有黄、白、红斑一列；蛹赤褐红色。

2. 发生规律　在我国南方一年发生4～5代，以幼虫越冬。4～6月份先为害枇杷、桃、李，6～7月份为害杧果、黄皮、荔枝、龙眼，8月下旬开始为害柑橘，9月下旬至10月下旬是为害盛期。成虫白天在隐蔽处，傍晚开始活动，趋光性弱。闷热、无风的夜晚，蛾量最多。卵和幼虫都在木防己（俗称鸡屎藤）等植物上，幼虫取食叶片，化蛹土中。在山地山脚及近山柑橘园发生多，为害严重。

3. 防治方法 山区柑橘园连片种植迟熟品种和避免混栽成熟期不同的品种,可减轻为害。清除果园,杜绝虫源。成虫发生期,每667平方米设置40瓦黄荧光灯1～2支,或其他黄色灯,或香茅油(在5厘米×6厘米的吸水性能好的草纸等上,滴少许香茅油,早晨收回放在尼龙袋内,傍晚挂出去)挂在柑橘园边缘内,对成虫有驱避作用。也可将接近成熟的落果收集起来,除保留两端的果皮外,其余果皮全部剥去,并用小针刺破果肉,用线穿好,浸于90%敌百虫20倍液中,10分钟后取出,傍晚挂在树上,诱杀成虫。

(十)实　蝇

为害柑橘的实蝇在我国已知有8种,分布广、为害严重的是柑橘大实蝇、蜜柑大实蝇和柑橘小实蝇。均以成虫产卵于柑橘的幼果内,幼虫在果实内食害果实囊瓣,果实易腐烂,常未熟先黄,早期脱落。现以柑橘实小蝇为例作介绍。

1. 形态特征 成虫体长7～8毫米,胸部背面大部分黑色,前胸肩胛鲜黄色,中胸背板黑色较宽,两侧具黄色纵带,小盾片黄色,与上述的两黄色纵带连成"U"字形;腹部黄色至赤黄色,第一、第二节各有一黑色横带,第三节以下有黑色斑纹,并有一黑色纵带从第三节中央直达腹端。卵梭形,乳白色,圆筒形。幼虫体长约10毫米,黄白色。

2. 发生规律 一年发生3～5代,世代重叠。无严格的越冬,冬季也有活动为害,在有明显冬季的地区,以蛹越冬。在我国南方7～8月份发生最多,主要为害杨桃、桃、梨等果树,在柑橘果实着色时便大量飞来柑橘园产卵。雌成虫在果实上刺成产卵孔,每孔产卵5～10粒,幼虫蛀入果内为害。

3. 防治方法 3种实蝇都是检疫对象,实蝇幼虫随果实运输而传播,必须加强检疫力度,防止蔓延扩散;及时拾捡落果和被害果集中处理,并冬耕翻土灭蛹,以减少在土中的越冬蛹。诱杀成虫。将浸泡甲基丁香酚加3%二溴磷溶液的蔗渣纤维板或蝇必粘2片/667平方米悬挂在果树上，诱杀柑橘小实蝇；也可在幼果期实蝇成虫未产卵前对果实套袋。在成虫产卵期可用90%晶体敌百虫1 000倍液，或80%敌敌畏乳剂1 500倍液加3%红糖喷洒树冠，诱杀成虫。在柑橘园地面喷撒90%晶体敌百虫1 000倍液，或50%马拉硫磷乳油800倍液，防止幼虫入土化蛹。

思考题

1. 如何综合防治柑橘黄龙病？

2. 柑橘溃疡病与疮痂病的病叶如何区分？对这两种病害的药剂防治有何异同？

3. 柑橘的树脂病在树枝、新梢和幼果、成熟果上的症状怎样？如何防治？

4. 根据当地发生为害柑橘的主要害虫种类，描写两种主要害虫的形态特征、发生规律，并制定出这两种主要害虫的综合防治方法。

第四章　核果类果树主要病虫害及防治

在南方各省、自治区中,栽培的核果类果树主要有枣、桃、李、梅、杏等品种,其中以枣、桃栽培面积较大。由于品种多,生长期长,南方高温高湿,病虫发生普遍且严重。本章重点介绍枣、桃、李、梅四种核果类果树的13种病害和13种害虫的形态特征、田间诊断症状、发生规律及防治方法。

一、主要病害及防治

(一)枣疯病

1. 田间诊断　枝、叶、果、根均可表现症状。主要有4种。

(1)枝叶丛生　病树枝叶呈扫帚状丛生。丛生枝不结果,冬季不落叶。

(2)黄化　病树幼叶失绿变黄,枝条节间短,叶片密而小,远看似黄菊花。

(3)花脸　病树疯枝不结果,未疯枝上虽能结果,但果面凹凸不平,着色不均,似花脸;病果品质变劣。

(4)疯根蘖　病树根部不定芽大量萌发形成丛状疯枝,出土前,枝叶嫩而白,极易腐烂死亡;出土后枝条细弱,叶小而黄,迅速枯死。

2. 发生规律　该病的病原为一种植原体,存在于病树韧皮部随枣树营养主流的流动而在寄主体内转移。冬季病枝地上部的病原全部转移到根部越冬,翌年病原随营养主流上行,重新感染致使树冠发病。可通过嫁接传播。北方枣区为中华拟菱纹叶蝉,南方枣区为凹缘菱纹叶蝉。附近有松、柏树的枣林发病重，反之则病轻。杂草丛生的山坡枣林病重，田园清洁的枣林和平地枣林病轻。枣树品种间的抗病性存在一定差异。

3. 防治方法 栽种无病嫁接苗；选用抗病酸枣品种和具有枣仁的抗病大枣品种作砧木；及时铲除重病树，对轻病树则刨去疯根蘖，剪去疯枝，以延缓发病；喷药防叶蝉。4～6月份用药3～4次，可用20%好年冬(丁硫克百威)乳油1 000～1 500倍液，或10%蚜虱净(吡虫啉)可湿性粉剂1 500～2 000倍液，或15%金好年乳油1 500～2 000倍液等。

(二)枣锈病

枣锈病在全国各枣产区均有发生，病树产量及果品品质降低，并导致树势衰弱，影响翌年产量。

1. 田间诊断 该病只危害叶片。初期叶背散生浅绿色小点，后突起呈黄褐色锈斑(病菌的夏孢子堆)。后期夏孢子堆突破叶背表皮，散生出黄褐色粉状物(病菌的夏孢子)；与孢子堆对应的叶正面初呈黄绿色小点，病斑多时，全叶呈花叶状。后期全叶干枯脱落。

2. 发生规律 该病的病原为一种真菌。病菌以夏孢子堆在带病落叶上越冬，为初侵染和再侵染源。决定该病流行与否的关键因素为7月上中旬的降雨量和晴天天数。若此时降雨早并有连续降雨天气，则发病早而严重，干旱年份则发病轻。

3. 防治方法 清除果园杂草，科学修剪，增强枣园通风透光度，降低枣林湿度；落叶后至发芽前彻底清扫落叶，就地深埋或烧毁，减少初侵染来源；病叶率达0.1%左右时开始喷第一次药，间隔10～15天喷1次，连喷3～4次。可用12.5%敌力康(烯唑醇)可湿性粉剂2 000～2 500倍液，或25%博洁(苯醚甲环唑)乳油2 000～2 500倍液，或55%杜邦升势(氟硅唑+多菌灵)可湿性粉剂800～1 200倍液等。

(三)枣炭疽病

枣炭疽病在我国南方枣产区较严重,病树产量下降,病果失去食用价值。

1. 田间诊断 该病主要危害果实,也侵染枣吊、枣叶、枣头及枣股,但不表现症状。果实上形成黑褐色凹陷病斑,后期病斑上密生小黑点,潮湿时溢出粉红色黏液;剖视病果可见病斑下果肉呈漏斗状,黄褐色腐烂,重病果果肉分解,晒干后只剩果核和残余的丝状物与果皮相连,病果味苦。

2. 发生规律 该病为一种被称为胶孢炭疽菌的真菌引起。病菌主要在残留树上的枣吊、枣股和僵果内越冬,通过风雨、昆虫传播。在有雨露的条件下,病菌可直接从果皮侵入,也可从伤口侵入,并有明显的潜伏侵染现象。其潜伏期长短,除受气候影响外,与寄主的生活力强弱有明显关系。该病的发生又与夏季降雨量、雨日、土壤含水量及空气的相对湿度呈正相关。此外,该病的发生还与桃小食心虫、枣黏虫的为害有直接关系。

3. 防治方法 摘除树上老枣吊、枣叶,冬季翻耕于土下,促进病残体分解,全园喷布1～2波美度石硫合剂一次。加强肥水管理,增强树势,提高抗病力。枣林可间种黄豆、绿豆和花生等豆科作物,其秸秆做肥,以提高土壤肥力。可选用的有效药剂有:80%新万生(代森锰锌)可湿性粉剂600～800倍液,或70%施蓝得(丙森锌)可湿性粉剂800～1 000倍液,或25%使百克(咪鲜胺)乳油1 000～1 500倍液,或50%使百功(咪鲜胺锰盐)可湿性粉剂2 000～2 500倍液等,各药轮换交替使用。

(四)桃细菌性穿孔病

桃细菌性穿孔病全国各桃产区都有发生,常造成大量落叶,削弱树势,降低产量,并影响翌年结果。该病除危害桃树外,也可危害李、樱桃、杏等多种核果类果树。

1. 田间诊断　该病主要危害叶片，也可危害果实和枝梢。染病叶片产生紫褐色近圆形病斑，周围呈水渍状，并有黄绿色晕环，以后病斑干枯脱落，形成穿孔，孔的边缘破碎不整齐（真菌性穿孔病形成的穿孔边缘整齐，据此可将两病区分）。枝条受害后产生溃疡，春季溃疡出现水渍状暗褐色小疱疹，夏季溃疡出现紫黑色圆形病斑。果实发病，果面生暗紫色圆形病斑，边缘呈水渍状。

2. 发生规律　该病为核果黄单胞杆菌的细菌引起。病原细菌在枝条病组织内越冬（主要是春季溃疡病斑内）。翌年桃树开花前后，病菌从病组织内溢出，借风雨或昆虫传播，从叶片的气孔、枝条及果实的皮孔侵入。叶片一般于 4～5 月份发病，6～8 月份为发病盛期。夏季高温干旱时，病势进展缓慢，至秋雨季节又发生后期侵染。温暖、多雨、多雾有利于发病。树势衰弱、排水不良以及偏施氮肥都可加重发病。

3. 防治方法　冬季结合修剪剪除枯枝，清除落叶、落果，集中烧毁；生长期注意果园排水，合理修剪，保持果园通风透光良好；增施有机肥料和磷、钾肥，增强树势，提高果树抗病力。桃园内不要与李、杏、樱桃等其他核果类果树混栽。在发芽前喷 4～5 波美度石硫合剂，或 45%晶体石硫合剂 30 倍液 1 次；发芽后喷布 72%农用链霉素可溶性粉剂 5 000 倍液 1 次；5～6 月份喷施 2%加收米（春雷霉素）水剂 800～1 000 倍液，或 88%水合霉素可湿性粉剂 1 000 倍液等 1～2 次。

（五）桃树流胶病

桃树流胶病在我国各桃产区普遍发生。该病有传染性和非传染性两种类型，但都可因流胶过多而导致树势衰退，甚至整株死亡。

1. 田间诊断

（1）传染性流胶病　主要危害枝、干，也可侵染果实。1 年生嫩枝染病,出现以皮孔为中心的瘤状突起病斑,当年不发生流胶现象,翌年5月上旬,病斑再扩大,瘤皮开裂,溢出树胶。被害枝条表面粗糙变黑,并以瘤为中心逐渐下陷,形成圆形或不规则病斑,其上散生小黑点。多年生枝干受害,产生1～2厘米的水泡状隆起,并流出褐色树胶,导致树体早衰,树干变褐坏死甚至枯死。果实染病,初为褐色腐烂状,逐渐密生粒点状物,温度高时可从粒点孔口溢出白色块状物,发生流胶现象。

(2)非传染性(生理性)流胶病　主要危害主干和主枝分杈处,小枝条和果实也可受害。主干和主枝受害,病部初稍肿胀,早春树液开始流动时,从病部流出半透明黄色树胶,以后变为红褐色,呈胶冻状,干燥后变为红褐色至茶褐色的硬块。病部易被腐生菌侵染,使皮层和木质部变褐腐烂,导致树势衰退,叶片变黄变小,严重时枝干或全株枯死。果实染病,由果核内分泌黄色胶液流出果面,病部硬化,严重时龟裂,不能长大。

2. 发生规律

(1)传染性流胶病　为真菌性病害。病菌在枝干病组织内越冬,翌年3月下旬至4月中旬产生孢子,借风雨传播,经伤口或皮孔侵入发病。气温在15℃左右,病部即可渗出胶液,随气温上升,树体胶液增多,病情逐渐加重。雨水多,病害也重。一般直立枝干下部重于上部,侧生的枝干向地表的一面重于向上一面,枝干分杈处易积水的地方受害重。

(2)生理性流胶病　病因主要有两个:一是霜害、冻害、病虫害及机械伤害造成的伤口引起流胶;二是栽培管理不当引起。如施肥不当,修剪过重,结果过多,栽植过深,土壤黏重,酸性过大,水分管理失宜等,都会引起树体生理失调,导致该病的发生。

此外,两种流胶病还有以下一些共同的发病特点。

第一,冻害与翌年春季发病有关。一年中有两个发生高峰期:5月下旬至6月上旬和8月上旬至9月上旬。

第二，品种间的抗病性差异大。白花、玉露等蜜桃品种，金黄桃、黄桃等黄桃品种等品种较易感病。

第三，发病与栽培管理关系密切。树龄大、树势弱的比生长旺盛的幼龄树病重；土壤黏重，肥力不足或过度的砂壤土和砾壤土园发病重；果园管理粗放，负载量过大，修剪过度以及天牛等害虫为害，均可加重发病。

3. 防治方法

(1)加强栽培管理　结合冬剪，彻底剪除被害枝梢。雨季注意开沟排水，防止果园积水；丰产后增施有机肥及磷、钾肥；控制树体负载量，以增强树势，提高抗病力。同时要注意防治枝干病虫害，减少伤口以减轻发病；冬季树干涂白，预防冻害及日烧。

(2)药剂防治　萌芽前用100倍抗菌剂402或3.3%治腐灵(腐殖钠·铜)膏剂150～200克原液/平方米涂刷病斑，杀灭越冬病菌。在桃树生长期喷洒50%施保功(咪鲜胺锰盐)可湿性粉剂加70%甲基托布津可湿性粉剂(9∶1)或50%多菌灵可湿性粉剂等，每半月1次，共喷3～4次；早春发芽前，用利刀刮除病部组织后，涂45%晶体石硫合剂30倍液，然后涂抹煤焦油保护，也可用抗菌剂402或治腐灵膏剂涂抹；花后和新梢生长期各喷1次B_9 2 000～3 000毫克/千克，促进枝梢早成熟。

(六)桃疮痂病

桃疮痂病又称黑星病，我国各桃产区都有发生。除危害桃树外，还可侵害杏、李、梅、核桃、樱桃等多种核果类果树。

1. 田间诊断　该病主要危害果实，也可危害叶片和新梢。果实发病，多在果肩部形成黑色痣状斑点，严重时病斑聚合成片，病果常龟裂。新梢发病，病斑长圆形、暗褐色，常发生流胶。叶片发病，在叶背产生暗褐色或紫红色不规则病斑，最后可形成穿孔，叶部病斑较小，暗褐色，在中脉可形成条状病斑。

2. 发生规律 该病为一种真菌引起。病菌以菌丝体在枝梢的病部越冬,翌年4～5月份产生分生孢子,借风雨传播,从叶背侵入。病菌在果实上的潜育期为40～70天,在新梢上为25～45天。该病的发生及流行与春季及初夏的温、湿度关系密切。20℃～28℃最适宜孢子形成,多雨潮湿的年份发病重。南方桃区以6～7月份发病最重。幼果不易感染,花瓣脱落6周后的果实才能被侵染。

3. 防治方法 加强果园管理,结合修剪剪除病枝梢,集中烧毁。在发芽前喷5波美度石硫合剂或45%晶体石硫合剂50倍液1次。从落花后半月开始至6月间,药剂交替轮换使用,每隔15天喷1次,连喷3～4次。可用5%霉能灵可湿性粉剂800～1 000倍液,或80%代森锰锌可湿性粉剂600～800倍液防治。

(七)桃炭疽病

桃炭疽病是桃树上的最重要病害之一。除桃树外,还可危害柑橘、葡萄、荔枝、龙眼等多种果树。

1. 田间诊断 该病主要危害桃果,也危害叶片和新梢。幼果染病呈现红褐色近圆形凹陷病斑,潮湿时斑上长出橘红色小粒点(病菌分生孢子盘),后期果实染病,病斑呈明显同心环状皱缩,并常愈合成不规则大斑,果实软腐脱落。新梢被害出现暗褐色略凹陷的长椭圆形病斑,病梢上的叶片则萎蔫下垂纵卷成筒状。

2. 发生规律 该病为一种称为胶孢炭疽菌的真菌引起。病菌以菌丝体在病梢或僵果中越冬。翌年春产生分生孢子,借风雨、昆虫传播,新病斑上产生分生孢子,可进行再侵染。花期及幼果期多雨低温,有利于发病;果实成熟期,高温、高湿发病重。管理粗放,留枝过密、土壤黏重、排水不良以及树势衰弱的果园发病都较重。

3. 防治方法 结合修剪剪除病枝及僵果,生长期及时摘除病果,减少侵染源。加强栽培管理,增施磷、钾肥,提高植株抗病能力。春芽萌动时喷施5波美度石硫合剂1次。落花后至5月下旬每隔15天喷药1次，连喷3～4次，可用25%咪鲜胺锰盐可湿性粉剂1 000～1 500倍液，或80%代森锰锌可湿性粉剂600～800倍液等。

（八）桃树根癌病

桃树根癌病是桃树的重要根部病害。除危害桃树外，还可危害苹果、梨、葡萄、李、杏、樱桃、花红、枣、板栗等果树。

1. 田间诊断　该病主要发生在根颈部，也可危害侧根。根部被害形成球形或扁球形的癌瘤，有的相互融合成不规则形。瘤的大小差异很大，小的如豆粒，大如拳头，初生时乳白色，光滑柔软，后变为褐色，木质化，表面粗糙。每株产生病瘤数目不一，少的1～2个，多的达几十个。

2. 发生规律　该病是由根癌农杆菌引起，属细菌病害。病原细菌在癌瘤内越冬，或随癌瘤脱皮进入土壤中越冬，在土壤中细菌能存活1年以上。可通过雨水、灌溉水及蛴螬、线虫等地下害虫传播，从根颈部的伤口侵入。苗木带菌是远距离传播的主要途径。土壤湿度高，有利于侵染和发病；22℃最适合形成癌瘤，30℃以上几乎不能形成癌瘤。碱性土、土壤黏重、排水不良都有利于发病，酸性土壤，疏松、排水良好的砂壤土发病少。

3. 防治方法　砧木苗在移栽时和嫁接苗在出圃时进行检查，淘汰病苗。引进苗木时，应在发芽前将嫁接口以下部位用1%硫酸铜液浸5分钟，再用2%石灰水浸1分钟消毒。选择无病田做苗圃，采用芽接法嫁接，可显著减轻发病。处理病瘤时，先用快刀切除癌瘤，后用2%加收米（春雷霉素）水剂800～1 000倍液，或88%水合霉素可湿性粉剂1 000倍液消毒切口，灌注病株根际土壤。要注意防治地下害虫，防止伤根。

(九)李红点病

李红点病分布较广,引起李树早期落叶,影响产量较大。

1. 田间诊断 该病仅危害叶片和果实。叶片感病,形成橙黄色、略隆起的圆形病斑,边界明显,组织肥厚。秋末呈深红色卷曲,叶面下陷、叶背凸出,上生黑色子囊壳。果实感病,产生橙红至红黑色边缘不清晰瘤斑,上生深红色小粒点。果实畸形、早落。

2. 发生规律 该病属真菌性病害。病原菌以子囊壳在病叶内越冬,翌年李树开花末期,子囊壳破裂,子囊孢子借风雨传播。该病无再侵染现象。雨季或多雨年份发病重,从李树展叶到 9 月份都能发病。

3. 防治方法 彻底清除果园内病叶、病果,集中烧毁或深埋。做好李园中耕和排水工作,防止湿度过大。在李树开花末期及叶芽开放时喷洒 12.5%敌力康(烯唑醇)可湿性粉剂2 000～2 500 倍液,或 25%博洁(苯醚甲环唑)乳油 2 000～2 500 倍液,或 55%杜邦升势(氟硅唑+多菌灵)可湿性粉剂 800～1 200 倍液,或 1∶2∶200 波尔多液防治。

(十)李褐腐病

李褐腐病又称李实腐病,是李树的重要病害之一。引起大量烂果、落果,造成很大损失。该病除危害李树外,还可侵害桃、杏、樱桃等核果类果树。

1. 田间诊断 该病主要危害花和果实,也可危害叶片和枝梢。花器受害,一般从雄蕊及花瓣尖端开始,先产生褐色水渍状斑点,后逐渐变褐而枯萎。天气潮湿时,病花迅速腐烂,表面丛生灰霉;天气干燥时,病花萎垂干枯。果实受害,果面初生淡褐色圆形小斑,病斑在数日内可扩及全果,果肉随之变褐腐烂,表面生出灰褐色绒球状霉层,病果腐烂易脱落,但不少失水后变成僵果悬挂在枝上。嫩叶受害，病部变褐萎垂，残留枝上似霜害。新梢受害，形成长圆形灰褐色的溃疡斑，常有胶液流出。当溃疡斑环绕枝条一周时，上部枝条枯死。气候潮湿时，溃疡斑上可长出灰色霉丛。

2. 发生规律　该病属真菌性病害。病原菌在僵果或枝梢的溃疡斑上越冬。悬挂于树上或落于地面的僵果中，翌年春季产生大量的分生孢子，借风雨、昆虫传播，引起初次侵染。病菌从伤口或皮孔侵入。幼果期低温多雨，果实成熟期高温高湿或多云多雾，发病严重。树势衰弱、管理不善、地势低洼、果园通风透光不良等均有利于发病。

3. 防治方法　结合修剪剪除病枝，清除僵果，集中烧毁或深埋；及时防治蛀果害虫，减少果实伤口。从初花期（花开20%左右）开始喷药，然后每隔10～15天再喷1～2次；果实采收前一个月再喷药2～3次。可选用50%多菌灵可湿性粉剂，或70%甲基硫菌灵可湿性粉剂1 000倍液，或30%琥胶肥酸铜悬浮剂500～600倍液等。

（十一）梅黑星病

梅黑星病各地梅产区有不同程度发生，造成果实商品价值降低或落果。

1. 田间诊断　该病主要危害果实和枝条。果实受害，果面产生墨绿色的圆形病斑，病斑仅限于果皮，不深入果肉。嫩枝受害，产生褐色圆形或不规则形病斑，病斑扁平，不深入木质部，病部表皮易剥落。秋、冬时节，病斑中央灰白色，边缘灰褐色，翌年早春病斑中央转变成银灰色，其上生有许多小黑点。

2. 发生规律　该病由真菌引起，病菌在病枝的病斑上越冬。翌年早春，在病斑表面产生分生孢子由雨水进行传播。早春气温高的年份，病害发生严重，多雨的年份或多雨的地区发病严重，上年枝条病斑多的树发病严重，地势低洼易积水的果园发病严重，嫩枝比老枝病重。

3. 防治方法 种植无病苗木。在梅树休眠期喷洒5波美度石硫合剂,消灭越冬菌源。在4～5月份梅树生长期的发病盛期,喷洒70%甲基硫菌灵可湿性粉剂1 000～1 500倍液,或80%代森锰锌可湿性粉剂600～800倍液等,每隔15天喷1次,共喷2～3次。

(十二)梅溃疡病

梅溃疡病是梅树的重要病害之一,常造成枝条枯死,甚至全树死亡。

1. 田间诊断 该病主要危害2年生枝条和果实,也可危害叶片和花器。枝条受害,病斑紫红色,后期变为褐色长条形,其上有小裂缝,潮湿时,病斑上溢出菌脓。若病斑龟裂,周围形成隆起的愈伤组织。病枝易被风吹折。果实受害,病斑扩大后呈黑色水渍状近圆形周围有紫红色的晕环。叶片染病,产生初为紫红色,后变为黑褐色不规则的水渍状斑,后期大多病斑可穿孔。花器受害,呈褐色水渍状腐烂。

2. 发生规律 该病由细菌引起,病原菌在病枝和落叶中越冬,翌年3～4月份,病斑溢出的菌脓借风雨或昆虫传播,从伤口或气孔等自然孔口侵入。在梅树落花后1个月内为叶片和果实的发病盛期。果园区雾多、地势低洼易积水或多风等环境发病多。

3. 防治方法 种植无病苗木;多风的地区,建园时应种植防护林挡风;于梅树休眠期彻底剪除病枝,集中烧毁。在落花后的发病盛期喷布72%农用链霉素可溶性粉剂5 000倍液,或2%加收米水剂800～1 000倍液,或88%水合霉素可湿性粉剂1 000倍液等,每隔15天喷1次,连喷2～3次。

(十三)梅灰霉病

梅灰霉病为梅树的一种常见病害。幼果受害轻则影响果实生长，重则造成落果；成长果受害，影响外观，降低果品商品价值。该病除危害梅树外，还可危害葡萄等果树及多种蔬菜、花卉等作物。

1. 田间诊断　该病只危害梅的花器和果实。花器受害，在花瓣脱落后，雄蕊和萼片成为茶褐色或赤褐色，并在其上长出灰色的霉层。幼果染病，果面生有茶褐色或赤褐色病斑，天气潮湿时，生有灰色霉层。幼果发病严重时，引起大量落果；发病轻时，病果挂于树上成为僵果。成长果受害，初期产生黑色小型病斑，随果实增大，病斑呈淡褐色凹陷的同心轮纹状。

2. 发生规律　该病由真菌引起。梅园内外的蔬菜、花卉、杂草上的病原菌是初侵染源。病原菌的分生孢子经气流传播，从伤口和自然孔口侵入，引起花器发病。病花上的病原菌则成为侵染果实的来源。该病菌的发育温度为2℃～31℃，最适温度为23℃。低温潮湿有利于发病，昼夜温差大也有利于发病，挂果多的梅树及幼树发病重，品种不同，其抗病性不同。

3. 防治方法　加强栽培管理，改善梅园通风透光条件，及时排除园内积水，勿使过于潮湿；清除树上病果，减少菌源；适当增施磷、钾肥，提高植株抗病能力。在开花期和幼果期喷洒药剂，保护幼果，可选用50%速克灵可湿性粉剂1 500～2 000倍液，或50%扑海因(异菌脲)可湿性粉剂1 500～2 000倍液，或50%农利灵可湿性粉剂500～600倍液，或10%多氧霉素1 000倍液等。

二、主要害虫及防治

(一)桃　蚜

桃蚜即烟蚜，又称桃赤蚜。寄主植物多达300余种，主要为害烟草、油菜、萝卜及桃、李、梨、杏等果树，并可传播烟草黄瓜花叶病等多种病毒病。以成、若蚜吸食嫩茎、嫩叶的汁液，致使受害叶片卷曲，并诱发煤烟病。

1. 形态特征 干母为红色、粉红色和绿色，无翅。有翅孤雌胎生蚜体长1.6～2.2毫米，头部黑色，额瘤显著向内倾斜，复眼赤褐色，胸部黑色，腹部有绿、黄绿、褐、赤褐等色；无翅孤雌胎生蚜体呈卵形，比有翅的肥大，体有淡红色、绿色、黄绿色、橘黄色或褐色，有光泽，体侧乳突显著。有翅雄蚜同有翅孤雌胎生蚜相似。无翅产卵雌蚜体型比无翅孤雌胎生蚜小，红褐色或暗绿色，无光泽。卵椭圆形，初产时淡绿色，后变为黑色，有光泽。若虫体小，似无翅胎生雌蚜。

2. 发生规律 1年发生10～30余代。以卵在桃、李等果树上越冬(全周期)，翌年桃树萌芽时，越冬卵孵化为干母，群集在芽上为害，花和叶开放后，又转害花和叶片，并不断进行孤雌生殖，4～5月份产生有翅蚜迁飞至十字花科蔬菜、烟草等夏、秋寄主上为害。晚秋后又产生有翅蚜迁返桃树上，不久产生雌、雄有性蚜，交配产卵，并以卵越冬。有部分无翅孤雌胎生蚜在冬菜和杂草上越冬(不全周期)。春季干旱的年份，桃蚜为害尤重。

3. 防治方法 为害严重时，剪除被害枝，集中烧毁或深埋。注意保护和利用天敌，如瓢虫、草蛉、食蚜蝇、蚜茧蜂、蚜小蜂等均对桃蚜发生数量有抑制作用。萌芽前用98.8%刹死倍(机油乳剂)乳油150～200倍液喷洒消灭越冬卵。桃芽萌发至开花前，越冬卵大量孵化但尚未大量繁殖和卷叶前是防治的关键时期；落花后至初夏，在蚜虫迁飞扩散大量繁殖前喷药；秋季蚜虫迁回桃树开始产越冬卵前，再喷药1次。药剂可选用10%吡虫啉可湿性粉剂1 500～2 000倍液，或15%金好年(吡虫啉+丁硫克百威)乳油1 500～2 000倍液等药剂。

(二)桃粉蚜

桃粉蚜又称梅大尾蚜，寄主广泛。越冬及早春寄主为桃、李、梨、梅；夏、秋寄主为禾本科杂草。果树叶片受害后失绿，叶片向背面微卷略呈对合状，卷叶内有大量白粉，虫体覆白色蜡粉。为害严重时导致枝枯叶落。

1. 形态特征

(1)无翅胎生雌、雄蚜　体长2～2.5毫米。头、胸部绿色或棕色。复眼红褐色。腹部淡绿色。虫体覆白色蜡粉。腹管细短，尾片大而长。

(2)有翅胎生雌蚜　体长2～2.5毫米。头、胸暗黄色。腹背深绿色，覆白色蜡粉。触角第三节上有感觉孔32～40个，第四节5～8个。腹管小，尾片大。

(3)若蚜　类似无翅胎生雌蚜，体较小。卵椭圆形，初产时黄绿色，渐变墨绿色。

2. 发生规律　1年发生10余代，在江西南昌地区每年发生20代以上。以卵在桃、李、梅等果树枝条裂缝间越冬。翌年春桃萌芽后，卵开始孵化，以无翅胎生雌蚜不断繁殖。蚜虫群集在嫩枝叶背为害，以4月下旬至5月上旬为害最严重。6月份以后陆续产生有翅蚜，迁往芦苇等植物上继续为害，直至晚秋产生有翅蚜又迁返果园，再行繁殖产生有性蚜，交配后产越冬卵。

3. 防治方法　保护利用天敌，包括瓢虫、草蛉、食蚜蝇和寄生蜂等。在发芽前喷机油乳剂150倍液；桃树发芽后越冬卵孵化和落花后蚜虫大量繁殖前以及秋季蚜虫迁回果园产越冬卵之前，这3个时期是药剂防治的关键时期。可选用10％吡虫啉可湿性粉剂1 500～2 000倍液，或15％金好年乳油1 500～2 000倍液等药剂喷雾。

(三)桃蛀螟

桃蛀螟又称桃蛀野螟。除为害桃树外，也能为害梨、李、枇杷、板栗、龙眼、荔枝、杧果、无花果多种果树。以幼虫蛀食桃果，在蛀孔分泌黄褐色透明胶质,常使果实变色脱落,果内充满虫粪。

1. 形态特征 成虫体长9～14毫米,翅展25～28毫米,全体橙黄色;前翅正面散生27～28个大小不等的黑斑,后翅有15～16个黑斑。雌虫腹部末端圆锥形,雄蛾腹部末端有黑色毛丛。卵长椭圆形,初产时乳白色,后变为橘红色,孵化前为红褐色。幼虫头部暗褐色,胸腹部颜色多变,有暗红、淡灰褐、浅灰蓝色。

2. 发生规律 华中地区1年发生5代,以老熟幼虫在树皮缝隙或树洞中或在多种作物上越冬。翌年春季越冬幼虫化蛹羽化,成虫白天静伏于叶背阴暗处,夜晚交尾产卵,卵散产于果上,7天左右孵化,初孵幼虫先在果梗或果蒂基部吐丝蛀食果皮,然后蛀入果心为害,蛀孔分泌黄褐色胶液,周围堆满大量虫粪。老熟幼虫在果内、果与果、果与枝相接处化蛹,8天左右羽化。以第一代和第二代幼虫为害桃果,以后的幼虫为害其他果树。10月初老熟幼虫结茧越冬。

3. 防治方法 冬季清除玉米、向日葵等残株,春季于成虫羽化前刮除树皮下越冬幼虫;在成虫产卵前果实套袋;用黑光灯、糖醋等诱杀成虫;拾落桃、摘虫果、消灭果内幼虫。在第一、第二代幼虫孵化初期,喷施5%锐劲特悬浮剂1 000～1 500倍液,或20%氰戊菊酯4 000倍液,或50%杀螟松乳油1 000倍液等农药,半月后再喷1次,对卵、幼虫和成虫均有效。

(四)梨小食心虫

梨小食心虫又名东方果蛀蛾、桃折心虫。幼虫蛀食桃、梨、李、梅的果实和桃、李的嫩枝。受害果实腐烂、不堪食用,枝梢被害后萎蔫枯干。雌、雄极少差异。

1. 形态特征 成虫体长4.6～6毫米,翅展10.6～15毫米。体灰褐色,无光泽,前翅具有10组白色斜纹,近外缘的淡色部分有几个整齐的黑斑点。卵淡黄白色,近乎白色,半透明,扁椭圆形,中央隆起,周缘扁平。老熟幼虫淡黄色或粉红色,头部黄褐色,前胸背板浅黄白色或黄褐色。蛹纺锤形,黄褐色,各体节大都具1排刺。

2. 发生规律 华南地区1年约发生6～7代。以老熟幼虫主要在树体翘皮裂缝中等场所结茧越冬。第一代于3月中旬开始在毛桃上繁殖蛀梢。第二代于5月中旬以后大量发生。卵散产在桃新梢叶背、桃果和早熟梨果表面。幼虫从梢端蛀入梢中,蛀孔流胶亦有虫粪排出,被害梢先端凋萎下垂。果上幼虫孵出后多从萼洼或梗洼处蛀入,蛀孔小,有虫粪附着。老熟幼虫脱梢或脱果在枝干翘皮缝隙做茧化蛹,也有在果内化蛹的。多雨高湿年份发生严重。

3. 防治方法 建立新果园时,尽可能避免桃、李、梨、梅混栽。刮除粗老树皮或树干绑草诱蛹,集中烧毁。剪除受害枝,处理病害果。利用成虫的趋光性和趋化性,采用黑光灯或诱集剂(5%的糖水加0.1%黄樟油或八角茴香油)诱杀成虫。保护和利用长距茧蜂和赤眼蜂等天敌。在成虫发生高峰期或卵果率1%～2%时喷药,可选用5%锐劲特悬浮剂1 000～1 500倍液,或40%毒死蜱乳油1 000～1 500倍液,或20%杀灭菊酯2 000倍液,或50%灭虫露乳油1 000～1 500倍液药剂喷雾,10～15天喷1次,连喷2次。

(五)朝鲜球坚蜡蚧

朝鲜球坚蜡蚧又称桃球蚧。寄主有桃、李、梨、葡萄等。以雌成虫和若虫在枝条、叶片和果实上吸食汁液。果树受害后,树势和产量均受影响,受害严重时,可造成枝枯叶落,甚至死树。

1. 形态特征 雌成虫近球形,直径3～4.5毫米,腹面淡红色,雌介壳半球形,横径约4.5毫米。初期介壳质软,黄褐色,后期硬化,呈红褐色或紫褐色。雄成虫体长约1.5毫米,头胸部赤褐色,腹部淡褐色,有翅1对,透明。卵椭圆形,橙黄色,附着一层白色蜡粉。初孵若虫长椭圆形,红褐色。越冬若虫椭圆形,浓褐色,背面有龟甲状花纹。

2. 发生规律 1年发生1代,以二龄若虫固着在枝条上越冬。翌年温度上升后开始为害,吸食枝条的汁液,逐渐分化雌、雄性。雄虫体外覆一层蜡质,在蜡壳内化蛹。雌虫体迅速膨大,成熟后与羽化的雄虫交尾。卵产于介壳下面,孵化后若虫自母壳内爬出,分散在小枝条、叶片、果实上吸食汁液。虫体上分泌白色丝状蜡质,形成一层白色蜡壳,开始越冬。

3. 防治方法 春季雌成虫产卵前,刮除枝干上介壳虫。注意保护利用天敌,尤以黑缘红瓢虫对桃球蚧捕食量最大,应加以保护和利用。早春发芽前,喷布5波美度石硫合剂或98.8%刹死倍(机油乳剂)乳油100～150倍液,杀灭越冬若虫。卵孵化盛期,若虫从母壳内爬出时,可选用40%毒死蜱乳油1 000倍液,或50%灭虫露乳油800～1 000倍液等药剂。

(六)桑盾蚧

桑盾蚧又称桑白蚧,广泛分布于各地,是南方桃树和李树等核果类果树的重要害虫。以雌成虫和若虫群集固着在枝干上吸食养分,削弱树势,严重时造成枝干或全树枯死。

1. 形态特征 雌介壳圆形,灰白色至灰褐色,壳点黄褐色;雄介壳细长、白色,有3条纵背,壳点橙黄色,位于介壳前端。雌成虫橙黄色或橙红色,扁卵圆形,腹部分节明显;雄成虫橙黄色至橙红色,略小于雌虫,有卵圆形灰白色翅1对。卵椭圆形,橙红色。若虫扁椭圆形,橙色,有3对足,腹部末端有尾毛2根。

2. 发生规律 浙江每年发生3代,广东发生5代。以受精雌成虫在枝条上越冬。越冬雌成虫翌年春季开始吸食枝条汁液,虫体逐渐增大,产卵于介壳下,产完卵后干缩死亡。初孵若虫在枝条上吸食汁液,一周左右分泌出绵毛状白色蜡粉,逐渐形成介壳。在南方,第一代若虫于4～5月份发生。雌若虫期2龄,第二次蜕皮变为雌成虫。雄若虫期也是2龄,二龄若虫蜕皮为“前蛹”,再次蜕皮为“蛹”，最后羽化为雄成虫。雄虫在交尾后死去。

3. 防治方法　冬季刮除枝条上的越冬雌虫体；结合修剪，剪除被害较重的枝条，集中烧毁。注意保护利用天敌，桑盾蚧的天敌有小蜂、瓢虫和日本方头甲等。早春桃树发芽前，喷洒5波美度石硫合剂，或98.8％刹死倍机油乳油100～150倍液，杀灭越冬的雌成虫。卵孵化期喷布40％毒死蜱乳油1 000～1 500倍液，或40％破壳（毒死蜱＋机油乳剂）乳油800～1 000倍液等药剂杀灭若虫。

（七）日本蜡蚧

日本蜡蚧又名龟蜡蚧。除为害枣树外，还为害柑橘、柿等果树。受害树生长衰弱、枝条枯死。能诱发煤烟病。

1. 形态特征　雌虫体椭圆形，紫红色，背覆白色蜡介壳，越冬雌虫体形似龟甲状，产卵阶段呈半球形，约1毫米；雄虫体棕褐色，头、胸背板色较深，触角鞭状，翅白色透明，具两条明显翅脉，脉基分离。卵椭圆形，初为浅橙黄色，后变深色，孵化前呈紫红色，外覆一薄层蜡粉。若虫初孵时椭圆形，体扁平，触角丝状，复眼黑色，足3对、细小。若虫固定3天后背面蜡点连成2粗条，虫体四周出现白色蜡线，7～10天后虫体背面全部被蜡，周边有12个三角形蜡芒。头前有尖长的蜡刺，尾部蜡刺短，有缺刻。蛹仅雄虫在介壳下化蛹，体菱形，棕褐色，腹部末端有明显交尾器。

2. 发生规律　1年发生2代。以受精雌成虫密集在1～2年生枝上越冬。翌年春开始活动取食，5月份产卵，6月下旬开始孵化，雄虫9月份羽化，与雌虫交尾后死亡，雌成虫继续为害枝条，虫体增大，蜡壳加厚，11月后进入越冬状态。

3. 防治方法　防治有利时期是雌虫越冬期和夏季若虫期。冬季结合修剪，剪除虫枝。注意保护利用天敌，日本蜡蚧天敌种类较多，主要有寄生蜂（如长盾金小蜂、日本蜡蚧姬小蜂、蜡蚧跳小蜂）、瓢虫（如红点唇瓢虫）、草蛉（如丽草蛉）等。枣树落叶后喷

98.8%刹死倍乳油 100～150 倍液。在夏季幼虫出壳盛期喷药,7～10 天后再喷 1 次,可选药剂参见柑橘介壳虫防治。

(八)桃一点叶蝉

成虫和若虫在叶片上吸食汁液,被害叶片出现失绿的白斑,严重时全树叶片呈苍白色,提早落叶,使树衰弱。除为害桃外,还可为害李、梅、梨等果树。

1. 形态特征 成虫全体绿色。初羽化时略有光泽,几天后体外覆盖一层白色蜡质,头顶端有 1 个黑点,翅绿色、半透明。卵长椭圆形,乳白色,半透明。若虫共 5 龄,全体淡墨绿色,复眼紫黑色,翅芽绿色。

2. 发生规律 我国南方 1 年发生 4～6 代。以成虫在多种常绿树上越冬。早春成虫迁回桃树,吸食花萼和花瓣汁液,后转至叶片吸食为害。福州地区越冬成虫 2 月下旬开始产卵,卵主要产于叶背主脉内,若虫常群集在叶背为害。4 月下旬第一代成虫出现,继续繁殖为害,全年以 7～9 月份桃树上虫口密度最大,为害最严重。

3. 防治方法 掌握在若虫孵化盛期喷药,可选用 10%吡虫啉可湿性粉剂 1 500～2 000 倍液,或 15%金好年(吡虫啉+丁硫克百威)乳油 1 500～2 000 倍液等药剂喷洒。

(九)桃红颈天牛

桃红颈天牛又称红颈天牛,我国南北地区均有分布。为害桃、李、梅等树种。幼虫蛀害枝干,造成树干中空,皮层脱离,使树势衰弱,甚至死亡。

1. 形态特征 成虫黑色,前胸大部分棕红色或全部黑色,有光泽。前胸背板扁平方形,前胸两侧各有 1 刺尖,背面有瘤状突起。卵长圆形,乳白色。幼虫黄白色,前胸背面横列 4 个黄褐色硬皮板、中部两个的前缘中央向内凹入。蛹淡黄白色。

2. 发生规律　一个世代历时2年。南方成虫于5～6月份出现，产卵于桃树主干裂缝或伤口处，以近地面30厘米范围内较多。幼虫先在树皮内向下蛀食韧皮部，经过一个冬天后，继续向下蛀食皮层。至夏、秋间幼虫长到约3厘米后，头向上蛀入木质部，继续越冬。第三年初夏化蛹。幼虫在皮层和木质部钻蛀不规则的隧道，并向蛀孔外排出大量红褐色虫粪和碎屑，堆积于树干基部地面。

3. 防治方法　可参照柑橘天牛类害虫的防治：捕捉成虫，钩杀或用药物触杀幼虫等。

(十)枣 尺 蠖

枣尺蠖又名枣步曲，我国枣产区普遍发生。枣树芽萌发时，初孵幼虫开始为害嫩芽，枣树展叶开花后，幼虫食量增大，能将全部树叶及花蕾吃光，不仅当年没有产量，还会影响翌年坐果。

1. 形态特征　雌虫无翅，灰色，纺锤形，头小，体大，触角丝状；雄虫淡灰褐色，前翅有两条褐色斜向的波状纹，后翅灰色，有一条波纹，翅中央内侧有一黑斑，触角羽毛状。卵长圆形，初产时浅绿色，表面有光泽，接近孵化时灰黑色。幼虫共5龄，一龄黑色，有5条白色横环纹。二至五龄幼虫体色由深青色渐变为浅青色或紫色的纵条纹。蛹枣红色，纺锤形，从触角纹痕可以区别雌、雄。

2. 发生规律　该虫1年发生1代。以蛹分散在树冠下深10～20厘米土中越冬，靠近树干茎部比较集中。雌虫发生期不集中，为害期长。翌年开始羽化。交尾后翌日产卵于粗皮或枝杈缝隙处居多，呈规则排列的片状或不规则的块状。枣树萌芽期开始孵化，早期发生的啃食枣芽，盛期啃食枣叶，后期为害花蕾。幼虫有假死性，遇惊扰即吐丝下垂，幼虫老熟后即入土化蛹越冬。

3. 防治方法　利用雌蛾爬行上树产卵的习性，在树干离地面0.5～1米范围，选平滑部刮除一圈5厘米左右的粗皮，缠一圈5～6厘米宽的塑料薄膜带，接头搭2～3厘米，钉紧，要求下缘无缝隙。在成虫羽化初期，在塑料薄膜带下缘及树皮涂一圈3厘米宽的20%氰戊菊酯等菊酯类10～20倍液药带。2次涂药间隔1个月左右，以毒杀上树的雌蛾。喷药将幼虫杀灭在三龄前，可喷布拟除虫菊酯类农药，如10%安绿宝(氯氰菊酯)乳油1 000～1 500倍液。为防止长年使用同一类杀虫剂而产生抗药性，可与有机磷或生物农药交替使用。

(十一)枣 黏 虫

枣黏虫又名枣镰翅小卷蛾、黏叶虫。以幼虫为害枣芽、枣花、枣叶，并蛀食枣果，造成枣花枯死，枣果脱落。

1. 形态特征 成虫体黄褐色，前翅长方形，翅尖呈尖状突出，黄褐色，略有光泽；前缘有黑褐色斜纹10条，翅中部有黑褐色纵纹2条；后翅深灰色，缘毛较长；足黄色，跗节具黑褐色环纹。卵扁平椭圆形，表面有网状纹，初产时无色透明，有闪光，2天后变为红黄色，最后变为橘红色。幼虫共5龄，老熟幼虫头赤褐色，胸腹部黄色、黄绿色或绿色，前胸背板赤褐色分为2片，腹末节前面有“山”字形赤褐斑纹。蛹初为绿色，渐变为赤褐色。

2. 发生规律 江苏1年发生4代，浙江5代，有世代重叠现象，均以蛹在枣树主干粗皮裂缝内越冬，翌年春羽化为成虫。在发生5代地区，第一代幼虫发生在展叶期，幼虫为害芽叶，影响开花结果。第二代幼虫为害枣花，对产量影响大。第三代初孵幼虫先为害叶，稍大蛀果为害，造成落果，是为害严重时期。第四、第五代均为害枣叶。各代发生期受当年气温影响而有早有迟。羽化后第二天交配，交配后第二天开始产卵。雌虫产卵最适温度为25℃，产卵期长，产卵量多，超过30℃时，产卵期缩短，产卵量减少。成虫夜间活动，对黑光灯趋性强。

3. 防治方法 冬季刮树皮集中烧毁灭蛹。束草诱集幼虫化蛹。在各幼虫化蛹之前，可在主干分杈处束草，引诱大量幼虫入束草中化蛹，然后及时解下束草烧毁。灯光诱杀成虫，可在枣园装黑光灯诱杀成虫。掌握各代幼虫孵化盛期喷药，一般一代喷药 2 次，隔 7～10 天喷 1 次。可选用的药剂和浓度参见枣尺蠖的防治。

（十二）桃小食心虫

桃小食心虫简称“桃小”，又名桃蛀蛾，俗称“钻心虫”。分布广泛，除为害枣树外，还可为害苹果、梨、桃、山楂等果树。幼虫在枣果内枣核周围蛀食为害，被害果充满虫粪，提前变红并脱落。

1. 形态特征　成虫全体灰褐色，前翅前缘近中部有 1 个蓝黑色近似三角形的大斑，翅基部及中央部分具有黄褐色或蓝褐色的斜立鳞毛，后翅灰白色。卵椭圆形，初产时淡红色，渐变为深红色。卵壳上有许多近似椭圆形刻纹，顶部环生 2～3 圈“Y”字形毛刺。末龄幼虫头褐色，前胸背板暗褐色，体背其余部分桃红色，蛹淡黄至黄褐色。茧有 2 种：一是冬茧，扁圆形，茧丝紧密；二是夏茧，纺锤形，质地疏松。

2. 发生规律　1 年发生 1～3 代，以 2 代为主，以老熟幼虫在土中结冬茧越冬。越冬深度最浅在表土，最深可达 15 厘米，以3～8 厘米处为多。翌年 5 月上旬，幼虫开始出土，以 5 月中旬至 6 月上旬为盛期。幼虫出土后 1 天，吐丝结成夏茧化蛹。蛹期 12 天左右。6 月中下旬成虫发生最多，深夜交尾产卵，卵多产在枣叶背基部。幼虫孵化后多从枣果近顶部和中部蛀入，先在皮下潜食，不久蛀入枣核，并在枣核周围取食 17～20 天后老熟，脱果入土结茧。在广西桂林，第一代幼虫盛发期为 6 月中旬至 7 月上中旬。

3. 防治方法　在幼虫发生期，树冠下覆盖地膜，10 天左右振落虫果，集中处理，减少虫源。在幼虫出土期，在树冠下地面施药，将幼虫毒杀于出土之前。可选用 50%辛硫磷乳油 400～600 倍液，在距树干 1 米范围内地面喷雾，每 667 平方米用 3%辛硫磷颗粒剂 7 千克，均匀撒于树盘周围。树冠喷药重点毒杀卵及初孵幼虫。可选用 50%杀螟松乳油1 000 倍液，或 40%毒死蜱乳油

1 000～1 500 倍液，或 50%灭虫露乳油 1 000～1 500 倍液等药剂。注意保护利用天敌，如寄生性天敌的齿退姬蜂和甲腹茧蜂等。

(十三)枣瘿蚊

枣瘿蚊又名枣叶蛆、枣蛆。分布于全国各地枣区。叶片受害后变为筒状弯曲，紫色，质硬而脆，不久变黑枯萎。

1. 形态特征 雌成虫黑色、肾形复眼大，触角细长，黑色念珠状；胸部色深，胸、背、腹部有 3 块黑褐色斑，后胸显著突起；足 3 对，前翅透明，后翅退化为平衡棒；雄虫腹部小，足 3 对，细长，疏生细毛。卵长椭圆形，一端稍狭，有光泽。幼虫乳白色，有明显体节，无足。茧椭圆形，灰白色。蛹初为乳白色，后呈黄褐色。

2. 发生规律 年发生代数有差异。在树下土壤浅层，以幼虫做茧越冬。成虫产卵于未展开的嫩叶缝隙处。卵孵化后，幼虫吸食汁液。叶片受害后两边纵卷，幼虫藏在里面为害。一般幼树和树冠低矮的枣树受害较重。老熟幼虫入土化茧越冬。

3. 防治方法 结合防治枣尺蠖进行树上喷药。枣芽萌动时地面撒药粉，如每 667 平方米用 3%辛硫磷颗粒剂 7～8 千克或 5%好年冬颗粒剂 5～6 千克，均匀撒施。

思考题

1. 为害桃树有哪些主要害虫，其发生规律如何？防治方法有哪些？

2. 为害李树有哪些主要害虫，其发生规律如何？防治方法有哪些？

3. 为害梅树有哪些主要害虫，其发生规律如何？防治方法有哪些？

4. 为害枣树有哪些主要害虫，其发生规律如何？防治方法有哪些？

第五章　仁果类果树主要病虫害及防治

仁果类果树包括苹果、梨、枇杷、山楂等树种，是我国重要的栽培果树，其中苹果、梨为我国主要果树，而南方早熟梨、枇杷则主要分布在浙江、江苏、安徽、江西、湖南、广东和广西等南方省、自治区。本章重点介绍南方早熟梨的13种病虫害和枇杷的6种病虫害的形态特征、田间诊断症状、发生规律及防治方法。

一、南方早熟梨主要病虫害及防治

(一)梨黑斑病

该病为南方早熟梨主要病害之一。可危害叶片、新梢及果实。

1. 田间诊断　叶片受害初期为圆形黑斑，后扩大为圆形或不规则形，病斑略凹陷，中心灰白色，边缘黑褐色，有时微显轮纹。天气潮湿时病斑表面生出黑色霉层，叶畸形并提早脱落。果实受害初期产生黑色小斑点，后扩大成近圆形或椭圆形。果面发生龟裂，裂缝可达果心，病果表面及裂缝内均密生黑霉。新梢病斑与叶斑相似，后扩大为长椭圆形、黑褐色，凹陷明显。

2. 发生规律　以分生孢子及菌丝体在病叶、病果及病梢残体上越冬，翌年春季病部产生分生孢子并借风雨传播，从植株的表皮、水孔、气孔和伤口侵染，可不断进行再侵染。降雨量大、次数多、果园地势低洼、不注意修剪、通风性差、偏施氮肥等，均有利于该病的发生。

3. 防治方法

(1)农业防治

①加强肥水管理:控施氮肥,增施有机肥和磷、钾肥,以增强树势,提高抗病力。

②重视冬剪与夏剪:生长季注意合理整枝和修剪,冬季及时剪除病虫枯枝,保持树冠通风透光,减少病害的发生。

③搞好果园清洁:秋季落叶后及时清洁果园,将修剪下的枝条集中深埋或烧毁。

(2)化学防治 冬季修剪后和翌年萌芽前各喷1次45%石硫合剂晶体100～300倍或5波美度石硫合剂,以减少病原越冬基数。生长季在开花前、开花后各喷1次杀菌剂,以后每隔10～15天喷1次药,连用6～8次,可选用12.5%敌力康可湿性粉剂2 000～2 500倍液,或25%博洁(苯醚甲环唑)乳油2 000～2 500倍液,或43%好力克(戊唑醇)悬浮剂3 000～4 000倍液,或55%杜邦升势(氟硅唑+多菌灵)可湿性粉剂800～1 200倍液,或80%代森锰锌可湿性粉剂600～800倍液,每次把治疗性药剂与保护性药剂配合施用,效果更好。

(二)梨褐斑病

1. 田间诊断 该病在南方梨产区普遍发生,仅危害叶片。发病初期,叶片出现圆形或近圆形的褐色斑点,边缘清晰,中后期呈灰白色,病斑中部密生黑色小点。华南地区在4月下旬开始发病,6～7月份达到发病高峰,发病严重的果园8月下旬便开始大量落叶。

2. 发生规律 病菌以分生孢子或菌丝体在病残体上越冬,翌年春季产生分生孢子和子囊孢子,借风雨传播,进行初次侵染,在生长季可不断产生分生孢子进行再侵染。多雨年份、果园地势低洼、不注意修剪、通透性差、肥力不足等均有利于该病发生。

3. 防治措施 参照梨黑斑病防治方法。

(三)梨角斑病

1. 田间诊断 该病在南方梨产区普遍发生,仅危害叶片。叶片受害初期为圆形小点,后扩大为多角形或不规则形,有时几个病斑连成较大的病斑,病斑略凹陷,边缘黑褐色。天气潮湿时病斑表面生出黑色霉层,易早期落叶。

2. 发生规律 病菌以分生孢子及菌丝体在病叶残体上越冬,翌年春季病部产生分生孢子并借风雨传播,从植株的水孔、气孔和伤口侵入进行初次侵染,可不断再侵染。降雨量大、次数多、果园地势低洼、不注意修剪、通风性差、偏施氮肥等均有利于该病发生。

3. 防治措施 参照梨黑斑病防治方法。

(四)梨黑星病

又称疮痂病,在南、北方梨区发生普遍,从落花期一直危害到果实成熟期。该病可侵染梨树所有绿色幼嫩组织,如花序、叶片、叶柄、新梢、芽鳞及果实等,其中以叶片、果实为主。

1. 田间诊断 最典型的症状是在病部产生明显的黑色霉层,叶片受害多发生在叶背,长出黑色霉斑,叶正面为多角形或圆形褪绿黄斑,严重时叶正、反面都长满黑色霉层,致使叶片干枯而脱落。叶柄受害产生圆形或长条状霉斑造成落叶。嫩梢发病除形成条状霉斑外,后期皮层龟裂呈粗皮状的疮痂。果实受害,初期产生淡黄色斑点,逐渐扩大,长出黑霉,以后病部凹陷、木栓化,停止生长呈畸形,易脱落。

2. 发生规律 病菌以菌丝体或分生孢子在芽鳞片内越冬,翌年春季梨树发芽后,病菌首先侵染芽梢基部,于基部四周产生浓密的黑霉,成为当年再侵染中心。有的年份也可以分生孢子在落叶上越冬,使叶片先发病。新生孢子借风雨传播。近病芽梢处的幼嫩叶片和果实侵染较重,以后由病叶、病果上产生分生孢子,多次再侵染。在春雨多且早、夏季阴雨连绵的年份,病害易大流行。整个生长季节可多次侵染、多次发病。干旱年份则发病较轻。地势低洼,树冠茂密,通风不良,树势衰弱发病较重。

3. 防治方法

(1)农业防治　入冬前清扫落叶,剪除病梢,集中烧毁。或结合深翻、施肥,把地表的碎叶埋压入土壤深处,减少初次侵染源。

(2)喷药保护　根据梨黑星病发生规律,在生长期应抓住关键时期如病芽梢和病叶或病果初现期进行喷药防治。可选用50%多菌灵可湿性粉剂800～1 000倍液,或70%甲基硫菌灵可湿性粉剂800～1 200倍液,或12.5%敌力康可湿性粉剂2 000～2 500倍液,或25%博洁(苯醚甲环唑)乳油2 000～2 500倍液,或43%好力克(戊唑醇)悬浮剂3 000～4 000倍液,或55%杜邦升势(氟硅唑+多菌灵)可湿性粉剂800～1 200倍液,或80%代森锰锌可湿性粉剂600～800倍液等,喷布药剂时可混加绿芬威800～1 200倍液,不仅可增加树体营养,而且可提高对梨黑星病的防治效果。

(五)梨轮纹病

该病是我国南方早熟梨主要病害之一,主要危害枝干和果实,极少危害叶片。

1. 田间诊断

(1)枝干症状　以皮孔为中心,形成暗褐色瘤状突起,近圆形或扁圆形暗褐色坏死斑,沿病斑外缘产生一圈裂纹,边缘翘起,呈马鞍状。病斑产生许多小黑点(病原菌的分生孢子器),形成以皮孔为中心的同心轮纹状病斑。众多病斑导致树皮粗糙。潮湿条件下,病斑小黑点中可溢出灰白色黏液状分生孢子团。

(2)果实症状　皮孔为中心,形成浅褐色至深褐色相间的同心轮纹,病斑不凹陷,呈软腐状,病斑上散生小黑点,病果很快腐烂,流出茶色汁液,但果形保持不变,失水干缩后变成僵果。

2. 发生规律　病菌以分生孢子器和菌丝体在病组织中越冬,翌年春季产生分生孢子借风雨传播,从皮孔、伤口侵入梨树枝干和果实形成初侵染,6～7月份产生大量分生孢子形成再侵染,病菌从幼果到采收期均可侵入,到果实迅速膨大期和糖分转化期开始发病,对梨树造成严重危害。干旱年份发病少,高温多雨年份发病重。果园施肥不足、管理差,发病重。

3. 防治措施

(1)农业防治　加强肥水管理,增施有机肥和磷、钾肥,控施氮肥,增强树势,提高抗病力。

(2)冬季刮除粗皮并销毁　梨树落叶后用利刃刮除粗皮,再用5%菌毒清水剂100倍液,或50%甲基硫菌灵可湿性粉剂50倍液涂抹消毒。有人力的果园还可进行刮治:刮除枝干病部,然后涂刷3.3%治腐灵(腐殖酸钠·铜)膏剂原液150～200克/平方米。

(3)喷药保护　在4～6月份,每隔10～15天喷药1次,有效药剂有:70%甲基硫菌灵可湿性粉剂700～800倍液,或50%多菌灵可湿性粉剂500～700倍液,或55%杜邦升势(氟硅唑+多菌灵)可湿性粉剂800～1 200倍液,或40%福星(氟硅唑)乳油8 000～10 000倍液等。

(六)梨锈病

该病又名赤星病,是危害南方早熟梨主要病害之一。可危害梨叶片、新梢和果实。

1. 田间诊断　危害叶片时,病期在正面产生橙黄色圆形小点或近圆形病斑,病斑边缘橙红色,中心黄色,叶正面病斑凹陷,背面则稍鼓起,后期病斑正面密生黄色颗粒状小点(病原菌的性孢子器),背面长出大量黄褐色似毛的管状物(锈孢子器),成熟后释放出大量锈孢子。其转主寄主为桧柏,在其上可长出冬孢子角越冬。

幼果上病斑初期与叶上相似,往往引起畸形早落。

2. 发生规律 以多年生菌体在桧柏病部组织中越冬,春季形成冬孢子堆,3～4 月份遇雨吸水膨胀,形成胶质冬孢子角并产生担子孢子,随风雨传播,萌芽后从皮孔、气孔等侵染梨嫩叶、幼果和新梢,6～10 天后即可产生病斑,并产生性孢子器及大量性孢子,再由昆虫或风雨传到其他性孢子器上,结合形成锈孢子器,产生锈孢子,借风雨传播到桧柏上越夏、越冬。该病在春季高温、多雨时易流行。

3. 防治措施

(1)农业防治 清除转主寄主,彻底砍除距果园 5 千米以内的桧柏树;梨园附近不能砍除的桧柏树应剪除树上的病瘿,并在早春喷施 2～3 波美度的石硫合剂;梨园禁止用桧柏、龙柏营造防风林,或相隔距离不少于 5 千米。

(2)化学防治 发病严重的梨园,应在花前、花后各喷 1 次药剂进行预防保护,药剂可选用:15%粉锈宁可湿性粉剂 800～1 200 倍液,或 12.5%志信星(烯唑醇)可湿性粉剂 3 000～4 000 倍液,或 40%杜邦福星乳油 8 000～10 000 倍液,或 55%杜邦升势(氟硅唑+ 多菌灵)可湿性粉剂 800～1 200 倍液,或 80%代森锰锌可湿性粉剂 600～800 倍液等。

(七)梨炭疽病

1. 田间诊断 该病主要危害南方早熟梨的果实,也可为害叶片。初期果面上出现淡褐色小圆斑,后迅速扩大呈褐色或深褐色病斑。果肉腐烂呈漏斗形,表面下陷,当病斑扩大至直径 1～2 厘米,表面形成小粒点(病原菌的分生孢子盘),后变黑色,呈同心轮纹状排列。湿度大时,分生孢子盘突破表皮,露出粉红色分生孢子团,几个病斑连在一起,使全果腐烂、脱落。有的病果形成僵果。危害叶片时,易引起早期落叶。

2. 发生规律　该病由高等真菌引起，以菌丝体在病果或病叶上越冬，翌年春季产生分生孢子，通过风雨传播。梅雨季节该病发生严重，常使叶片枯焦脱落。

3. 防治措施

(1)农业防治　冬季结合修剪，剪除干枯枝、病虫枝及僵果，并烧毁。加强栽培管理，多施有机肥和磷、钾肥，改良土壤，增强树势，雨季及时排水，合理修剪。

(2)药剂防治　在生产季每隔 10～15 天喷药 1 次，连用 5～6 次。可选药剂有：75%百菌清 500～700 倍液，或 25%使百克乳油 1 000～1 500 倍液，或 50%使百功(咪鲜胺锰盐)可湿性粉剂 2 000～2 500 倍液，或 80%代森锰锌可湿性粉剂 600～800 倍液等。

(八)梨白粉病

1. 田间诊断　此病多危害老叶，发生在叶背面。初期病斑为白色霉状小点，逐渐扩展为近圆形白色粉斑。数斑相连形成不规则形粉斑，甚至扩及全叶，上生有白色粉状物(分生孢子)。后期在白色粉状物上，长出很多初为黄色逐渐变为黑色的小点(病原菌的闭囊壳)，严重时造成早期落叶。

2. 发生规律　以闭囊壳在落叶上和枝梢上越冬。翌年病菌产生子囊孢子，借风雨传播，于 7 月份开始初次侵染，8 月份出现病叶，8～9 月份为发病盛期。被害叶片变黄、卷缩。一般在偏施氮肥梨园发病重，密植、低洼的梨园，通风性差、排水不良，易发病。

3. 防治方法

(1)农业防治　秋季应彻底清扫落叶，集中烧毁，减少初次侵染源。

(2)化学防治　梨树发芽前，喷布 1 次 5 波美度石硫合剂或 45%石硫合剂晶体 100～200 倍液。生长期尤其是采果后发病严重的梨园，应每隔 10～15 天喷药 1 次，连用 2～3 次，有效药剂有：

15%粉锈宁可湿性粉剂 800～1 200 倍液,或 12.5%敌力康可湿性粉剂 2 000～2 500 倍液,或 55%杜邦升势(氟硅唑+多菌灵)可湿性粉剂 800～1 200 倍液,或 40%福星乳油 8 000～10 000 倍液等。

(九)梨缩果病

1. 田间诊断 该病主要发生在果实上,在其他组织器官上的症状不明显。由于其危害而形成缩果症状。严重发生的单株自幼果期就显现症状,果实上形成数个凹陷病斑,严重影响果实的发育,凹陷部位皮下组织木栓化,最终形成"猴头果"。而轻度或中度发生者,不影响果实的正常膨大,在果实生长的后期出现数个深绿色凹陷斑。随果实的发育,凹陷加剧,最终导致果实表面凹凸不平。斑下组织变褐、木栓化,甚至形成龟裂,木栓化部分味苦。

2. 发生规律 该病是缺硼引起的生理性病害。不同品种对缺硼的耐受能力不同,缩果症状差异也很大。即使在同一品种上,也会因发生程度的差异而表现出不同症状。新世纪梨等品种发病较重。

3. 防治措施

(1)加强肥水管理 首先应注重有机肥的施用,干旱年份注意及时浇水,低洼易涝园片注意及时排涝,维持适中的土壤水分状况,以利于硼素的吸收,保证树体、果实的正常发育。

(2)增施硼肥 ①结合果园冬季施肥,每株用持力硼或志信大地硼 5～10 克,单独施用或与三元肥混合施用,提高土壤的供硼能力,同时促进根生长和春梢、花芽发育。②梨开花前 7～10 天用速乐硼或志信高硼 1 500～2 000 倍液叶面喷 1 次,叶面及时补硼,还可促进开花,提高坐果率。③梨开花后或幼果期再用速乐硼或志信高硼 1 500～2 000 倍液时,叶面喷第二次。

防治梨缩果病,还可保果、促进幼果膨大和营养的积累,促进钙吸收,防止裂果、落果,提高梨果品质。

(十)梨瘿蚊

梨瘿蚊以幼虫为害嫩叶为主，初期与梨二叉蚜为害状相似，嫩叶叶尖或叶缘先受害。嫩叶受害后，叶面向内侧卷曲，然后叶的一边或两缘纵卷呈筒状。被害叶逐渐褪绿，质地硬脆，最后变黑脱落，严重时还可引起秃梢。受害梨树秋梢抽发纤细，花芽分化不良，翌年一般不结果。

1. 形态特征　成虫头小，复眼肾形，深黑色，向外隆突；触角淡绿褐色，基部环生稀疏且长的浅褐色毛；中胸黑色；膜质前翅椭圆形，基部收缩，强光下闪紫铜色光彩；胸足长度明显超过体长，浅灰褐色；腹部黑色。卵长椭圆形，顶端稍细小，呈乳白色半透明状，具光泽。低龄幼虫乳白色，老熟幼虫深红色；无足，中胸节腹板有一块褐色"Y"状骨片；腹末节尾部两侧隆起，中部深凹陷。茧椭圆形，灰白色，由幼虫分泌黏液形成，其外附着微细土粒，内为蛹室。蛹初为橘红色，临羽化时呈黑褐色。

2. 发生规律　在广西桂北地区，每年发生2代。成虫3月中下旬羽化出土，交尾后将卵产于梨树春梢端部叶尖和两侧叶缘处。5～6天后幼虫孵化。低龄幼虫取食叶表汁液，不潜入叶内。被害叶片变黑脱落，老熟幼虫入土做茧化蛹。4月中下旬为化蛹盛期。5月中下旬，第二代成虫羽化出土，在夏梢嫩叶上产卵，孵化后继续为害。7月上中旬，第二代幼虫入土越冬。成虫晴天傍晚活动频繁，阴雨天躲藏在荫蔽处。幼虫畏光，触动时见光即弹跳。化蛹深度一般在距地表2～3厘米处。

3. 防治方法　结合冬季施肥和清园，深翻表土10～15厘米。于春梢、夏梢生长期，及时剪除被幼虫为害的叶片，并集中烧毁，以减少虫源。在春梢和夏梢抽生期，喷施90%敌百虫原粉800～1 000倍液，或20%金好年乳油2 000～3 000倍液，毒杀产卵成虫和初孵幼虫，每10～15天喷1次。在成虫羽化期，在树冠下用

40%辛硫磷乳油 400～600 倍液泼浇,以触杀羽化后在地面爬行的成虫或土里的蛹。

(十一)梨 蚜

梨蚜又名梨二叉蚜、是梨树的主要害虫之一。以成虫、若虫群集芽、叶、嫩梢上吸食汁液。花芽受害严重时,不能正常开放。梨叶受害后变畸形,向下面纵卷成筒状。为害严重时造成早期落叶,影响当年产量和花芽分化。

1. 形态特征 无翅胎生雌蚜体卵圆形,绿色至黄绿色,口器黑色,复眼红褐色,触角端部黑色,腹管端部黑色,圆筒形。有翅胎生雌蚜长卵形,头、胸部黑色,触角淡黑色,翅透明,前翅中脉分 2 叉,腹管圆筒形,端部黑色。卵椭圆形,黑色有光泽,若虫绿色,与无翅蚜相似,体型略小。

2. 发生规律 1 年发生 10～20 代,以卵在小枝的芽腋间、果台、枝杈的皱皮裂缝处越冬。3 月中下旬花芽萌动时开始孵化,4 月上中旬为孵化盛期。若虫群集在芽上为害,展叶后转到叶上为害,使叶片向正面纵卷成筒状,此时如遇高温、多湿,则为害严重。落花后有翅蚜开始离开梨树,迁移到杂草上继续繁殖。9～10 月份又迁回到梨树上繁殖为害,但为害较轻。此时产生有性蚜,交尾产卵、越冬。

3. 防治方法 结合果园管理,及时摘除被害卷叶,集中处理。梨树花芽开绽露白至花序分离前,是喷药防治的关键时期,此时越冬卵已大量孵化,若虫多附着在花芽表面,应及时喷药防治。可选用的药剂有:10%吡虫啉可湿性粉剂1 500～2 000 倍液,或 3%啶虫脒乳油 1 500～2 000 倍液,或 15%金好年乳油 2 000～3 000 倍液,或 20%好年冬乳油1 000～1 500 倍液等。

(十二)梨 网 蝽

梨网蝽主要为害梨树叶片,被害叶正面形成苍白斑点,背面则是排出的褐色粪便所造成的斑点及产卵时留下的蝇粪状黑点,整个叶片背面呈现锈黄色。受害严重时,叶片早期脱落。

1. 形态特征　成虫扁平、暗褐色,头小;胸部腹面黑褐色、常有白粉,足黄褐色;腹部金黄色,上有黑色细斑纹。卵长椭圆形,一端略弯曲,初呈淡绿色半透明,后变淡黄色。幼虫共5龄。初孵若虫乳白色,数小时后变为淡绿色,最后变成深褐色。

2. 发生规律　南方梨区1年发生4~5代,以成虫在枯枝落叶、枝干翘皮裂缝、杂草及土、石缝中越冬。成虫产卵于叶背面叶肉内,成、若虫喜群集叶背主脉附近为害,被害处叶面出现黄白色斑点,斑点逐渐扩大,全叶苍白色,叶背和下边叶面上常有黑褐色带黏性的分泌物和粪便,可诱发霉病。11月中下旬以后,成虫寻找适当处所越冬。

3. 防治方法　成虫春季出蛰前,彻底清除果园内及附近的杂草、枯枝落叶,集中烧毁或深埋,消灭越冬成虫。防治的关键时期有两个:一是越冬成虫出蛰至第一代若虫发生期,最好在桃树落花后、成虫产卵之前进行防治,以压低春季虫口密度;二是夏季大发生前喷药,以控制7~8月份为害。有效药剂有:2.5%敌杀死乳油2 000~3 000倍液,或10%安绿宝乳油1 000~1 500倍液,或20%灭扫利(甲氰菊酯)乳油1 000~1 500倍液等,连喷2次,效果很好。

(十三)山楂红蜘蛛

又名山楂叶螨,是梨树重要害虫之一。吸食芽、花蕾及叶片汁液。花、花蕾受害后变黑,花蕾不能开花,最后干枯;受害叶片出现很多失绿的小斑点,变成苍白色,严重时叶片焦黄脱落;芽受害不能萌发。

1. 形态特征 雌成虫卵椭圆形,体背前方隆起,足4对、黄白色;冬型成虫朱红色,夏型成虫暗红色。雄虫略小,尾部较尖,淡黄绿色,取食后变为淡绿色,老熟时橙黄色,体背两侧有墨绿色斑纹;卵球形、光滑,前期产的卵橙红色,后期产的卵橙黄色。幼虫黄白色,取食后淡绿色,足3对。前期若虫卵圆形,淡橙黄色至淡翠绿色,体背两侧有明显的墨绿色斑纹。后期若虫翠绿色,与成虫体形相似,可辨别雌、雄。

2. 发生规律 南方梨区一年发生6～9代,以受精雌成虫在枝干翘皮、树皮裂缝、树杈处和树干基部及树基部土地缝隙中越冬。翌年3月中下旬梨花芽开放时开始出蛰,并陆续转到芽上、花蕾上为害,展叶以后转到叶上为害,越冬成虫于4月中下旬将卵产在叶背主脉及丝网上。有世代重叠现象。

该虫除进行两性生殖外,还可进行孤雌生殖,但其后代均为雄虫。随着气温的升高,发育速度加快,6月末至7月中旬是全年为害最重的时期。一般雌成虫于9月上旬开始越冬,雄虫死亡。该虫的发生与气候和药剂有一定关系。气温高、干旱,发生严重;连续使用广谱性杀虫剂,易杀害天敌,也会增强红蜘蛛的抗药性。

3. 防治方法 春季结合防病,细致刮除老翘皮,同时用45%石硫合剂晶体100～200倍液清园,消灭越冬雌成虫。在6月下旬至7月上中旬发生盛期,用下列药剂喷雾,连用2～3次。可选用的药剂有:57%炔螨特乳油2 000～2 500倍液,或5%尼索朗乳油1 500～2 500倍液,或30%永隆(炔螨特+哒螨灵)乳油2 000～2 500倍液,或1.8%阿维菌素乳油2 000～3 000倍液等,效果良好。

二、枇杷主要病虫害及防治

(一)枇杷叶斑病

1. 田间诊断　叶斑病是枇杷最主要的病害,受害植株轻则影响树势和产量,重则叶落枝枯。包括斑点病、灰斑病和角斑病3种。

(1)斑点病　只危害叶片。病斑初时为赤褐色小点,后逐渐扩大,中央变为灰黄色,外缘呈灰棕色或赤褐色。后期病斑上生有许多轮生或散生的小黑点,即为病菌的分生孢子器。

(2)灰斑病　除危害叶片外,还危害果实。病斑初为淡黄色、圆形,后期中央变成白色以至灰黄色,边缘具明显的黑色环带。果实受害,产生紫褐色圆形病斑、凹陷,病斑上散生黑色小点,即病菌的分生孢子盘。

(3)角斑病　只危害叶片。病斑以叶脉为界,呈多角形,初时赤褐色,周围往往有黄色晕环。后期病斑上长出黑色霉状小粒点,即分生孢子梗和分生孢子。

2. 发生规律　病菌在被害叶片上越冬,翌年春季借风雨传播侵染,全年均可发生。角斑病和灰斑病在干旱条件下发病严重,斑点病在多雨季节发病流行。土壤瘠薄、排水不良、管理不善、生长较差的树,3种病害均易发生。病菌多从嫩叶的气孔或果实的皮孔及伤口入侵,所以防治要注意抽发枝展叶后的保护。

3. 防治方法　加强肥水管理,做好排涝、抗旱等工作。冬季清除落叶,减少病原。在发病初期可喷施药剂进行保护,每隔10～15天,连续喷药2～3次。有效药剂有:60%代森锌可湿性粉剂600～700倍液,或50%多菌灵可湿性粉剂800～1 000倍液,或25%咪鲜胺乳油1 000～1 500倍液,或70%甲基硫菌灵可湿性粉剂 800～1 000 倍液，或 80%代森锰锌可湿性粉剂 600～800 倍液等。

(二)枇杷炭疽病

1. 田间诊断 该病是枇杷果实的重要病害，主要危害果实，也可危害叶片。被害果实初现淡褐色近圆形小斑，逐渐扩大为暗褐色稍凹陷的病斑，有的斑面现轮纹，其上生有朱红色黏质小点(病菌的分生孢子盘及分生孢子)，严重时全果腐烂，并干缩成僵果。叶片上病斑近圆形或半圆形，灰褐色，斑面稍下陷，具轮纹，病斑扩大可连合成斑块，斑面亦现朱红色小点或小黑点。

2. 发生规律 以菌丝体和分生孢子盘在病株和病残体上存活越冬，以分生孢子侵染，借风雨传播，从伤口或自然孔口侵入植株致病。该病具潜伏侵染特性，青果感病后未必表现症状，在果实近成熟时及采后贮运期显症。高温多雨的天气发病严重，通风差或虫害多的果园易发病。

3. 防治方法 结合修剪清园，收集病果烧毁，降低病原基数。在新梢期及幼果期及时喷药保护，每 10～15 天 1 次，连用 4～5 次。有效药剂有：80%代森锰锌可湿性粉剂 600～800 倍液，或 70%安泰生(丙森锌)可湿性粉剂 700～800 倍液，或 50%使百功(咪鲜胺锰盐)可湿性粉剂 2 000～2 500 倍液，或 25%使百克(咪鲜胺)乳油 1 000～1 500 倍液等，效果良好。

(三)枇杷癌肿病

1. 田间诊断 该病在我国枇杷产区均有发生，可危害枇杷的枝、叶、芽。发病时枝干局部增粗或形成暗褐色瘤状凸起，后变成黄褐色同心圆斑，病部组织坚硬，输导组织阻塞，严重时导致植株死亡。新梢发病出现纺锤形龟裂，芽组织枯死。叶片发病，叶脉生出褐色斑点，叶面皱缩成畸形。

2. 发生规律　该病由细菌引起。病原一般从伤口、叶缘气孔等部位入侵，4～7个月后病部迅速扩大。高温多雨年份发病严重，果园管理不善、虫害防治不佳的年份发病重。

3. 防治方法　及时剪除染病枝叶和挖除病株并烧掉，加强施肥管理和地面排水，以增强树势，提高伤口愈合能力和抗病能力。每次新梢抽发期喷药防治2～3次，隔7～10天喷1次，保护性药剂有：77%可杀得可湿性粉剂400～600倍液，或80%必备（波尔多液）可湿性粉剂400～600倍液。治疗性药剂有：2%加收米水剂600～800倍液，或80%水合霉素可湿性粉剂800～1 200倍液等。发现病斑时，用刀刮除病部，每平方米涂3.3%治腐灵（腐殖酸钠·铜）膏剂150～200克。

（四）枇杷芽枯病

该病是部分南方枇杷产区的重要病害，尤以大五星和早钟6号两个品种发病严重，发病严重的果园感病植株高达50%以上，严重影响枇杷产量。

1. 田间诊断　顶芽生长点呈黑色坏死，近顶芽的叶片小、发黄、畸形。感病植株旱季不能抽发新梢，6～7月份进入雨季后，在感病顶芽下部抽发丛生状的纤细枝条，不能转化为结果母枝，形成大量空梢。

2. 发生规律　有资料认为，该病是特殊气候和栽培措施不当引起的生理性病害。但笔者认为，引起该病的真正原因是土壤缺硼。而干旱缺水、土壤板结等不利气候条件或栽培措施只是外部原因。该病发病期为每年的3～5月份。老果园发病有逐年加重趋势。不施或少施硼肥的果园发病重。

3. 防治方法　加强肥水管理，6～9月份进行全园深耕改土，重施基肥，增施磷、钾肥，并注意防涝、防旱。结合重施基肥，每株施入持力硼或志信大地硼5～10克。在枇杷开花前、开花后、幼果膨大期分别喷施1次,可选用的优质硼肥,如速乐硼1 000～1 500倍液,或志信高硼1 000～1 500倍液。

(五)枇杷黄毛虫

枇杷黄毛虫主要以幼虫咬食枇杷叶片为害。当枇杷黄毛虫大量发生时,受害枇杷当年新叶被全部吃光,老叶仅存叶脉,导致树势衰弱,产量锐减。

1. 形态特征 成虫前翅灰色,中室中央有由立起的褐色鳞片组成的瘤;翅上有黑色齿状纹,和7个排列整齐的黑色锯齿形斑;后翅灰褐色。卵扁圆形,淡黄色表面具纵刻纹。幼虫黄色,各体节侧面及背面有毛瘤3对,第三腹节处毛瘤较大、呈蓝黑色。

2. 发生规律 以蛹在树上的茧内越冬。翌年4～5月份羽化为成虫。成虫昼伏夜出,有趋光性,卵多产在嫩叶背面,初龄幼虫群聚在嫩叶正面取食叶肉呈现许多褐色斑点,二龄后分散,取食时先将叶背绒毛推开,取食叶肉残留上表皮和叶脉。嫩叶被吃完后,转害老叶、嫩茎表皮及花果。老熟幼虫在叶背主脉或枝干上结茧化蛹。天敌有姬蜂、茧蜂和金小蜂等。

3. 防治方法 低龄幼虫群聚新梢叶面取食时,可人工捕杀。冬季可从树干上收集虫茧,然后置于寄生蜂保护器中,以保护天敌,控制害虫为害。幼虫初发时喷药保护,可选用的药剂有:2.5%天王星乳油2 000～2 500倍液,或2.5%敌杀死乳油2 000～3 000倍液,或10%安绿宝乳油1 000～1 500倍液,或5%鱼藤酮乳油1 000～1 200倍液,或90%敌百虫晶体800倍液等,连续施用2次。

(六)枇杷牡蛎蚧

枇杷牡蛎蚧以成、若蚧寄生在枇杷枝干上,吮吸汁液为害,尤以1～2年生枝受害重,常引起枝干皮层翘裂,生长衰弱,严重时造成枝梢、花、果序枯死。为害叶片时,多在主、支叶脉附近寄生,引起叶片皱曲畸形，严重影响枇杷的生长、树冠形成和果实的产量。此蚧是枇杷的重要害虫，对枇杷生产可造成毁灭性的危害。

1. 形态特征　雌介壳背面隆起，似牡蛎的壳，暗褐色，壳缘灰白色，壳点灰褐色；雄介壳前端深褐色，后端红褐色，具一黄色带状纹。雌成虫乳黄色，长纺锤形，口器丝状，黄褐色；雄成虫橙黄色，头部黑色，触角丝状，翅半透明。卵初为乳白色略带水红色，后变浅紫色。若虫扁平，椭圆形，体浅黄色，眼紫红色，触角、足、尾足明显，分泌浅黄色蜡质，体略带水红色，眼黑色。

2. 发生规律　此蚧虫1年发生2～3代，以若蚧或成蚧越冬，若虫孵化期在5月中下旬、7月中下旬和9月初。果园通风差时发生重。

3. 防治方法　合理修剪，保持果园通风透光。冬季要及时清园，减少越冬虫源。重点掌握在第一代若虫孵化高峰期喷药，每7天喷药1次，连用2次，有效药剂有：95％机油乳剂300～400倍液，或25％扑虱灵可湿性粉剂800～1 000倍液，或50％灭虫露乳油1 000～1 500倍液，或40％毒死蜱乳油1 000～1 500倍液等，效果良好。

思考题

1. 南方早熟梨主要病虫害有哪些？请各列出3种并简述其田间诊断要点。

2. 枇杷叶斑病包括哪几种类型？各有何特点？如何进行综合防治？

第六章　坚果类果树主要病虫害及防治

南方坚果类果树主要品种有板栗、核桃、银杏、澳洲坚果等,各省、自治区均有栽培。坚果类果树病虫种类繁多。本章重点介绍板栗、核桃、银杏三种果树9种病害和12种害虫的形态特征、田间诊断症状、发生规律和防治方法。

一、主要病害及防治

(一)栗树干枯病

栗树干枯病又称胴枯病、栗疫病,我国各产区都有发生。除危害栗树外,还可侵染山核桃、栲、山毛榉、漆树和枫树等树种,是国内外的检疫对象。

1. 田间诊断　该病主要危害树干和主枝,也可危害小枝。发病初期,树皮上出现红褐色近长形病斑,稍隆起。刮破树皮,病组织呈水渍状,有很浓的酒糟气味。随着病情发展,病皮下可产生瘤状小黑点(病菌的孢子座),潮湿时从中涌出橘黄色卷须状的分生孢子角。最终病皮干缩开裂,病部周围形成愈伤组织。

2. 发生规律　本病属真菌性病害。病菌在病枝或病果中越冬,分生孢子或子囊孢子借助风雨、昆虫等传播,从树皮上的伤口侵入。早春气温回升至栗树发芽前后,是病害发生的最严重时期。树势健壮的植株病轻,树势衰弱的植株病重;秋、冬干旱年份,翌年春发病有明显加重趋势;栗树营养生长旺盛季节发病轻,休眠期前后发病重。

3. 防治方法　选用适合当地栽培的丰产抗病品种。增强树势，如改良土壤、增施肥料、不过密栽培等，都有利于提高植株抗病能力，减轻发病。耕作中尽量避免损伤树干，并及时涂白，对减少发病有一定作用。及时刮除溃烂病斑，刮后的病疤用3.3%治腐灵（腐殖酸钠·铜）膏剂水乳剂15～20克/平方米或80%必得利可湿性粉剂100～200倍液涂抹。

（二）栗树炭疽病

栗树炭疽病是栗树的重要病害之一，全国各产区均有发生。除危害栗树外，还可危害柑橘、桃、葡萄、荔枝和龙眼等多种果树。

1. 田间诊断　该病主要危害栗果，也可危害新梢和叶片。受害栗蓬变黑褐色，表面密生小黑点（病菌分生孢子盘），潮湿时产生肉桂色黏质小粒点（病菌的分生孢子团）。受害果皮变黑，其上附有灰白色菌丝。病菌侵入果仁后，种仁干腐萎缩。新梢和叶片受害，形成黑褐色病斑，潮湿时也产生肉桂色黏质小粒点。

2. 发生规律　该病为胶孢炭疽菌真菌引起。病菌以菌丝在枝干和芽鳞中越冬。翌年春季产生分生孢子，借风雨、昆虫传播。落花后不久的栗蓬即可染病，在生长后期病情发展快。发病的轻重与品种及树势有关，老龄树、密植园以及衰弱树病重，栗蓬形成期潮湿多雨，有利于发病。

3. 防治方法　栽种抗病良种，保持栗园通风透光，剪除过密枝和干枯枝，加强土壤管理，适当施肥，增强树势，提高树体抗病能力。在发病初期喷药防治，每10天喷1次，连喷3次。药剂可用25%咪鲜胺锰盐可湿性粉剂1 000～1 500倍液，或80%代森锰锌可湿性粉剂600～800倍液。

（三）栗树白粉病

栗树白粉病在我国各产区均有分布。受害苗木或幼树叶片发黄,焦枯早落,影响生长。

1. 田间诊断 该病主要危害叶片,也可危害新梢、幼芽。被害叶表面形成黄色斑块,背面长出白色粉状霉层(即病菌的菌丝、分生孢子梗和分生孢子)。嫩叶和幼芽感病后,往往扭曲变形。秋季在白粉层上生出许多小黑点(即病菌的子囊果)。

2. 发生规律 该病是由真菌引起。其病原菌以闭囊果在落叶和病梢上越冬。翌年春末夏初,闭囊果破裂,散发出子囊孢子,随气流或风雨传播,侵染新叶、幼芽和嫩梢。在整个生长季节,病菌还产生大量的分生孢子,不断再侵染。每年6～8月份,气温高,发病最严重。苗木密度大,通风透光不良,氮肥施用过多,苗木生长幼嫩,易发病。天气干旱,病害蔓延也很快。

3. 防治方法 结合肥培管理,剪除病枝,集中烧毁。发病初期用50%硫黄胶悬浮剂200～400倍液喷雾防治,每15天1次,共用2～3次。炎夏可改用20%三唑酮乳油1 000～1 500倍液,或12.5%敌力康(烯唑醇)可湿性粉剂1 500～2 000倍液等。

(四)核桃黑斑病

核桃黑斑病又称核桃细菌性黑斑病、黑腐病等。我国核桃产区广为分布。幼果受害后造成腐烂和落果,未掉落果核仁出油率低,对质量影响很大。该病除危害核桃外,还可侵染核桃属的多种植物。

1. 田间诊断 该病主要危害果实和叶片,也可危害嫩枝和花序。幼果受害,果面上初生黑色小点,后扩展成大块黑斑,深达果肉,致使果实连同核仁全部变黑腐烂。近成熟果受害,病斑由外果皮深入中果皮,病皮脱落后,内果皮外露,核仁完好,但出油率大大降低。叶片受害,先在近叶脉处出现多角形或四方形小褐斑,以后在叶片的其他部位及叶柄上也出现病斑。病斑边缘褐色,中央赤褐色,外围晕圈水渍状。严重时叶上密生病斑融合成片,有的后期中央脱落，形成穿孔。嫩枝受害，形成长形或不规则形病斑，褐色，稍凹陷，病斑绕枝一周时，病斑以上枝条枯死。花序受害，产生黑褐色水浸状病斑，后期花穗轴变黑、弯曲，甚至早落。

2. 发生规律　该病由核桃黄单胞杆菌引起，是细菌病害。病菌在枝梢病斑或病芽内越冬。翌年春从核桃树展叶期开始，细菌从病斑内溢出，借风雨或昆虫传播，从气孔、皮孔、蜜腺及伤口侵入叶、果、嫩枝组织，引起发病。该病的潜育期一般为10～15天，有多次再侵染，但在花期和展叶期最易感染，7～8月份的多雨季节为该病的发生高峰期。核桃举肢蛾为害的伤口，最易受病菌侵染，使病害加重发生。

3. 防治方法　结合修剪，剪除病枝梢及病果，并捡拾地面落果，集中烧毁，减少菌源。及时防治核桃害虫特别是举肢蛾，以达到治虫防病的效果。核桃发芽前，喷一次3～5波美度石硫合剂，杀死越冬病菌。核桃树展叶期、落花后及幼果期各喷1次药，保护幼叶、幼果及嫩梢。可选用1∶0.5∶200波尔多液，或77%可杀得可湿性粉剂400～600倍液，或72%农用链霉素4 000倍液，或40万单位青霉素G钾5 000倍液等，轮换交替使用。

（五）核桃炭疽病

核桃炭疽病是核桃果实上的重要病害之一，我国的各产区均有发生。除危害核桃外，还可侵染柑橘、苹果、梨、桃、葡萄、板栗等多种果树。

1. 田间诊断　该病主要危害果实，也可危害叶片。果实受害，果面产生近圆形或不规则的黑褐色至黑色且明显凹陷的病斑。病斑表面可产生轮纹状排列的小黑点，潮湿时，小黑点上可溢出大量的粉红色黏液。多个病斑连片后，常导致整个外果皮变黑腐烂，后期腐烂果皮干缩形成僵果，果仁干瘪。叶片受害，病斑呈不规则形，褐色至深褐色，后期病斑上也可产生小黑点和粉红色黏液。

2. 发生规律 该病由胶孢炭疽菌真菌引起。病原菌在僵果及叶片上越冬,翌年春产生的孢子借风雨或昆虫传播,从伤口或气孔等自然孔口侵入,引起发病。潜育期一般为 4～9 天,条件适宜时可发生多次再侵染。降雨多或果园湿度大,发病重,雨季是该病发生的高峰期。

3. 防治方法 合理密植,改善果园通风透光条件,降低果园湿度,创造不利于炭疽病发生的环境条件。彻底清除树上、树下僵果,减少菌源。病害发生前喷药保护果实。一般在雨季到来之前开始喷药,每 20 天喷 1 次,连续 3～4 次,其中幼果期最为关键。可选用 80%代森锰锌可湿性粉剂 600～800 倍液,或 25%使百克乳油 1 000～1 500 倍液,或 77%可杀得可湿性粉剂 400～600 倍液,或 12%松脂酸铜乳剂 600～800 倍液等。

(六)核桃枝枯病

核桃枝枯病是南方丘陵红壤区发生普遍且严重的一种病害,是丘陵地区引种的一个障碍。

1. 田间诊断 该病可危害嫩枝和主干。病菌先侵入顶部嫩枝危害,随后向下侵入主枝和主干危害。病枝皮层产生暗灰褐色或红褐色斑,病斑围枝一周时造成"枯枝",上生许多突起的小黑点,湿度大时,小黑点上涌出大量黑色黏状物,呈黑色短柱状。柱状物遇水软化,形成圆形或椭圆形、黑色、馒头状突起的孢子团块。

2. 发生规律 该病为一种真菌性病害。病菌在树干和枝条上越冬。翌年环境条件适宜时,产生大量分生孢子,通过风雨、昆虫传播,从冻伤、日灼伤、虫伤以及其他机械伤口侵入。该病一般 6 月份开始发生,7～8 月份为发病盛期,9 月份以后基本停止发病。病菌在田间可发生多次再侵染。树体生长不良、树势衰弱或遭受冻害和春旱严重的年份,均可发病。

3. 防治方法 冬前树干涂白,防治冻害和日烧;春季遇干旱应尽早灌水,增强树势,提高树体抗病能力;结合修剪剪除病枝,集中烧毁,减少菌源;及时防治虫害,避免造成虫伤,减少病菌侵染机会。病斑扩展到主干时,涂刷内吸性药剂治疗。如甲基托布津(甲基硫菌灵)油膏(70%甲基托布津可湿性粉剂∶植物油=1∶(5~8)等。核桃树受伤后易流黑水,不宜刮治。病情较重的果园,可在病害发生前喷药1~2次预防。可选用70%甲基托布津可湿性粉剂1 000~1 200倍液,或80%代森锰锌可湿性粉剂800~1 000倍液,或50%施保功可湿性粉剂1 500~2 000倍液等。

(七)银杏茎腐病

银杏茎腐病是银杏苗期的一种重要病害,在各地银杏育苗区普遍发生。

1. 田间诊断 该病主要危害1~2年生的银杏实生苗,尤以1年生苗木更为严重。扦插苗在条件适宜时也可发此病。发病初期,幼苗茎基部变褐,顶叶变黄,顶芽枯死。随后下部叶片也全部变黄,茎基皮层皱缩,内皮组织腐烂呈海绵状或粉末状、灰白色,其中夹有许多细小黑色的菌核,使皮层与木质部脱离。该病菌可侵入木质部,使木质部干腐,髓部变成中空,其中也有小菌核产生。病害最后扩展到根部,使根皮腐烂,如拔起病苗,仅能拔出木质部,根皮仍留土中。

2. 发生规律 该病由真菌引起。病原菌可在土壤中营腐生生活。病苗上或土壤中的菌核是病害的初侵染源,从伤口侵入。夏季高温炎热是病害发生的诱因。地表温度过高,苗木茎部受高温灼伤后有利于病菌侵入,发病重。梅雨季节,发病重。一般在梅雨开始后10~15天,田间可见病株。苗圃无遮阴,地面热辐射强,发病重;苗床低洼积水以及管理粗放、苗木生长势弱,发病重。此外,苗木木质化程度越低,发病率越高。

3. 防治方法

(1)提早播种　可适当提早 15～20 天播种,苗木可提前 12～15 天出土,有利于苗木早期木质化,增强对土表高温的抵御能力。

(2)合理密播　密播有利于发挥苗木的群体效应,增强对外界不良环境的抵抗力。如每 667 平方米改播种量 25～40 千克为 80～100 千克,不仅单位面积产苗量增加,而且茎腐病发生率也随之降低。

(3)防治地下害虫　苗木受地下害虫为害后产生的伤口,极易为茎腐病菌所感染。因此,播种前后要注意杀灭地下害虫。

(4)避免机械损伤　松土、除草或起苗移栽过程中,不要损伤苗木根茎,避免加重茎腐病的发生。

(5)遮阴降温　为防止太阳辐射使地温升高,育苗地应搭荫棚,以降低地温对幼苗的伤害。

(6)灌水或喷水　在高温季节应及时灌水或喷水以降低地表温度,减少病害发生。

(7)药剂防治　播种前半个月,每 667 平方米苗床施入20～25千克硫酸亚铁,可预防病害发生。已发病的苗床,应喷洒 1%硫酸亚铁溶液,隔 3 天后再喷 1 次。发病严重的地块,应在行距间及苗木根部,用 1%～2%硫酸亚铁溶液再喷洒 1 次。或在 6～9 月份发病期间,每月喷 1 次 50%多菌灵可湿性粉剂 800 倍液,或 75%百菌清可湿性粉剂 600 倍液,或 72.2%扑霉特 600～800 倍液等,控制病害蔓延。

(八)银杏叶枯病

银杏叶枯病在广西、浙江、江苏等地区银杏集中产区,有不同程度发生,老产区较新产区发病重。轻病树部分叶片提前枯死脱落,重病树叶片全部落光,导致树势衰退,生长发育不良。

1. 田间诊断　苗木及大树均可发生。初期叶片先端变黄,黄色部分逐渐变褐坏死,并由局部扩展到整个叶缘,呈褐色至红褐色的叶缘病斑。其后病斑继续向叶基部延伸，直到整个叶片变成褐色或灰褐色焦枯脱落。

2. 发生规律 该病为一种真菌性病害。病害于6月上中旬开始发生，7～8月份为发病盛期，10月份后逐渐停止发病。苗木及大树均可发病，但苗木发生较大树早且严重；雌株随结实量的增加，发病率明显增加。土壤瘠薄、土层浅的地块，或树势衰弱或根部积水造成烂根，发病重。此外，施基肥的较施追肥的发病轻；冬季施肥的比春季施肥的发病轻。

3. 防治方法

(1)加强管理，增强树势 如在冬季施肥，避免积水，杜绝与松树、水杉间作；提高苗木栽植质量，缩短缓苗时间，以增强苗木的抗病性。此外，控制雌株过量结果，减轻其负担，可减少该病在大树上的发生。

(2)药剂防治 发病前喷布70%甲基托布津(甲基硫菌灵)可湿性粉剂800～1 000倍液1次加以保护；开始发病的6月上旬起，喷施50%多菌灵可湿性粉剂800倍液，或90%疫霜灵可湿性粉剂1 000倍液，或80%代森锰锌可湿性粉剂600～800倍液等，各药交替轮换使用，每隔20天喷1次，共喷5～6次。

(九)银杏种实霉烂病

银杏种实霉烂病在各银杏产区都有发生。在种子室外窖藏，温床催芽及播种后均可发生。

1. 田间诊断 霉烂的种核一般都带有酒霉味。在种皮上生出墨绿色的霉层，种核呈褐色水渍状，切开种皮，种仁的一半或全部呈糊状。

2. 发生规律 该病为一种真菌性病害。其发病的原因有多种，但以容器不洁、种子含水量过大、贮藏温度过高、通风条件不良、种子过早采收等为主要原因。

3. 防治方法

第一,适时采收。采收的种子必须充分成熟,防止采青。

第二,种子贮藏前要适当晾干,含水量以20%左右为宜。破碎种子和霉烂种子应一律剔除。种子最好能用0.5%高锰酸钾溶液浸泡消毒10分钟并充分晾干后贮藏。

第三,贮藏环境应干净、无菌,食用种子库的温度以2℃～5℃为宜,并保持通风。有条件的可用氮气贮藏。

第四,室外窖藏时,先用0.5%高锰酸钾溶液浸种15～30分钟,冲洗干净晾干后再沙藏。所用的沙子应先用40%甲醛100倍液喷洒消毒,30分钟后散堆;或用40%甲醛100倍液喷洒后捂盖,24小时后散堆,待药味全部散失后才能贮藏。窖藏时应用干沙,其含水量不应超过2%～3%。

第五,温床催芽时,用2%～3%硫酸亚铁水溶液浸泡种子和喷洒温床。播种前种子用50%多菌灵可湿性粉剂或70%甲基托布津可湿性粉剂500倍液处理12～24小时;或用上述药拌种,用药量为种子重量的1%～2%,或每平方米苗床用药5～10克消毒,减少种子播后在土壤中的腐烂。

二、主要害虫及防治

(一)栗实象甲

栗实象甲又称板栗象鼻虫、栗蛆。国内分布非常普遍。寄主除板栗、茅栗外,还为害某些栎类树种,如麻栎、栓皮栎等。幼虫在栗实内取食子叶,并形成大坑道,内部充满虫粪,早期引起落果,后期果实虽不脱落,但完全失去食用价值。

1. 形态特征 成虫体黑褐色,被有白色鳞片,头管有光泽。卵椭圆形,表面光滑有光泽,初产时白色透明,孵化前为乳白色。

老熟幼虫乳白色，头部黄褐色，无足，体多横向褶皱，疏生短毛；虫体常略呈"C"形弯曲。蛹乳白色，头管伸向腹部下方。

2. 发生规律　在广西地区1年发生1代，长江流域以北2年发生1代。以老熟幼虫在土层内做土室越冬。翌年6月间开始化蛹，经13天左右，羽化为成虫出土活动，取食嫩叶或幼芽，补充营养后才能交配产卵。雌成虫先在果蒂附近咬一深入子叶的产卵孔，然后将卵产入其中，一般每孔有1～3粒卵，幼虫在果内为害，采果后幼虫仍在果内取食，直到幼虫老熟后则在果壳上咬一圆形脱果孔，入土越冬，深为6～15厘米。一般总苞刺束短、稀、皮薄、迟熟的品种受害严重。

3. 防治方法　在为害严重地区尽可能选种栗苞大，苞刺稠密而坚硬的抗虫品种。秋冬翻耕园土，清除栗园附近的栎类植物，及时拾取落地虫苞，集中烧毁，减少虫源。及时采收，对脱粒场所进行灭虫处理，减轻翌年受害。在成虫发生时，树冠喷药杀灭成虫。可选用40%毒死蜱乳油1 000倍液，或20%灭扫利乳油2 000倍液，或90%晶体敌百虫800～1 000倍液等药剂。

(二)剪枝象甲

我国板栗产区均有分布，为害板栗、茅栗和栎类植物的嫩果枝。

1. 形态特征　成虫蓝黑色，有光泽，密生银灰色绒毛，并疏生黑色长毛，翅上各有10行点刻纵沟；雄虫前胸侧面有尖刺，雌虫无；腹部腹面为银灰色。卵椭圆形，初产时为乳白色，后变为淡黄色。幼虫呈"C"形弯曲，有皱纹，足退化。蛹初为乳白色，后变为淡黄色，头管伸向腹部，腹部末端有1对褐色刺毛。

2. 发生规律　该虫每年发生1代。以老熟幼虫在土中越冬，翌年5月初开始化蛹，5月中旬至7月间成虫羽化。羽化后雌成虫上树取食花序和嫩栗苞以补充营养，然后交尾、产卵。产卵前先在距离栗苞2～5厘米处用口器咬断果枝(留有表皮),使果枝倒悬,然后在栗苞内咬一产卵槽,将卵产于槽内,产后用果屑堵上槽孔,最后将果枝表皮咬断。幼虫孵化后,在栗苞内取食,果内充满虫粪,老熟后脱果入土1～3厘米处,筑室越冬。

3. 防治方法 在果园加强检查,及时拾净落地果枝、栗苞和剪除挂在树上的病果枝,集中烧毁。成虫发生期,振摇树枝,集中消灭被振落的假死成虫。成虫出土前7天左右每667平方米喷3%辛硫磷颗粒剂7～8千克。成虫出土后3天树冠喷40%毒死蜱乳油1000倍液,或90%晶体敌百虫800倍液,或20%灭扫利乳油2000倍液等药剂。

(三)栗瘿蜂

栗瘿蜂又名栗瘤蜂。主要为害板栗、锥栗和茅栗。幼虫在芽内蛀食,被害芽膨大而形成瘿瘤,瘿瘤呈圆形,不能抽发新梢,严重时枯死。

1. 形态特征 成虫头和腹部黑褐色,胸部膨大,漆黑色,有光泽,前、后翅均透明,翅脉黑色;足黄色。卵椭圆形,乳白色,表面光滑,一端具尖细短柄。幼虫纺锤形,乳白色,无足,体光滑,口器茶褐色。蛹黄褐色,复眼赤色。

2. 发生规律 1年发生1代。以初龄幼虫在寄主芽内越冬。翌年春天,栗树萌芽时,幼虫开始活动为害,被害芽逐渐长成瘿瘤。幼虫老熟后在瘿瘤内化蛹,羽化后10天左右,成虫咬破瘿瘤钻出产卵,该虫营孤雌生殖,卵产于当年健壮饱满的芽内,每芽以2～3粒卵居多。幼虫孵出后在芽内为害并越冬,翌年春继续为害。

3. 防治方法

(1)人工防治 在成虫羽化前剪除有瘿瘤枝条,集中处理。

(2)保护利用天敌 栗瘿蜂幼虫的一种体外寄生蜂(跳小蜂),在田间自然寄生率可达40%～70%。因此,可于早春大量采集瘿瘤，装于纱笼内，挂在瘿蜂为害严重的栗园中，对栗瘿蜂为害有一定的抑制作用。

(3)药剂防治　在栗瘿蜂出瘤活动盛期，用40%毒死蜱乳油1 500～2 000倍液，或80%敌敌畏乳剂1 500～2 000倍液等药剂，喷洒树冠，可消灭大量的成虫。

(四)栗大蚜

栗大蚜又名栗大黑蚜虫。以成虫、若虫群居于新梢、嫩枝、叶片背面刺吸汁液为害，影响新梢生长和栗果的成熟。寄主有板栗、橡树。

1. 形态特征　无翅胎生雌蚜为黑色、有光泽，足细长，腹部肥大；腹管短小。有翅胎生雌蚜体黑色。腹部色淡，翅黑色。卵长椭圆形，黑色、有光泽。若虫体形同成蚜，黑色有光泽，但体色较淡，腹管痕迹明显。

2. 发生规律　一年发生多代，以卵在枝干背阴面越冬。翌年春孵化为无翅雌蚜，密集成群为害枝梢；5月间大量发生有翅蚜，迁往夏季寄主繁殖，晚秋迁回栗树，10月中旬仍集中粗枝上为害，最后产生两性蚜，交尾产卵过冬。卵单层密集排列在主干背面阴处和粗枝基部。

3. 防治方法　冬、春季刮树皮或刷除越冬卵。板栗展叶前越冬卵孵化期，喷10%吡虫啉可湿性粉剂2 000～3 000倍液，或20%杀灭菊酯乳油2 000～3 000倍液，或40%乐果乳油1 500倍液等药剂。

(五)板栗叶螨

板栗叶螨又名板栗红蜘蛛、板栗旁叶螨。以成、若螨在叶片表面为害，受害叶片的叶脉失绿变灰黄色，继而全叶枯焦，最后早期脱落。

1. 形态特征 雌成螨体长圆形,背部隆起,肩部较宽,腹末钝圆;头胸橘红色,肩部两侧各有1个明显的暗红色圆点;足4对,较粗壮,淡琥珀色;体毛粗壮,黄白色。雄成螨体较小,近三角形,腹末稍尖。越冬卵扁圆形,后期变暗红色;夏卵乳黄色,卵顶有丝柄,稍弯曲。卵壳表面有微细的放射状刻纹;初孵幼虫乳白色,取食后淡黄色,足3对;若螨近圆球形,绿褐色,足4对。

2. 发生规律 一年发生多代。以卵在1～4年生枝条上越冬,尤以1年生枝条芽的周围及枝条粗皮、缝隙、分杈等处最多。在桂林地区,越冬卵4月上旬开始孵化,初孵幼螨在叶片正面群集为害。第一代发生较为整齐,从2代开始世代重叠。一般全年发生盛期在6～7月份,降雨量大和暴雨天气,虫口密度大幅度下降。干旱年份发生为害严重。

3. 防治方法 越冬孵化时在树干离地面30厘米处,用刮皮刀刮去一圈粗皮,宽约20厘米,涂40%乐果乳油10倍液,然后用塑料薄膜包扎好,过10多天后再涂1次。在板栗叶螨发生期用药剂喷布,可选药剂参见柑橘红蜘蛛药剂防治。

(六)铜绿金龟子

铜绿金龟子又名铜绿丽金龟。发生普遍,食性复杂,为害多种果树和林木,并能为害大田作物。被害果树有板栗、梨、桃、李、梅、柿、核桃和柑橘等。成虫常聚集在果树或果园周围林木上为害叶片,导致幼龄果树叶片残缺不全,严重时仅留叶柄。

1. 形态特征 成虫椭圆形,体背为铜绿色,有金属光泽;额及前胸背板两侧边缘黄色,复眼红黑色,触角浅黄褐色,鞘翅铜绿色,上有不明显的3条隆起线;虫体腹面及足均为黄褐色。卵椭圆形,初为乳白色,后渐变为淡黄色,表面光滑。老熟幼虫体长40毫米,头黄褐色,胴部乳白色,腹部末节腹面除钩状毛外,尚有排成2纵列的刺状毛。蛹为裸蛹,初为白色,后渐变为淡褐色。

2. 发生规律　1年发生1代,以三龄幼虫在土内越冬。翌年春越冬幼虫开始活动,取食果树和杂草根部。然后做茧化蛹,在广西桂林4月中旬开始出现成虫,4月下旬至6月上旬为盛期。成虫多在18～19时飞出,交尾产卵,卵多散产在果树下土壤内,20时开始为害,直到凌晨3～4时飞离果树,重新回到土中潜伏,喜欢栖息在疏松、潮湿的土壤里,深度一般7厘米左右。成虫有假死性和趋光性。卵期约10天,孵化的幼虫取食寄主植物根部,至10月份以后开始下潜越冬。

3. 防治方法　利用成虫的假死性,于傍晚振落捕杀。利用成虫的趋光性,用黑光灯诱杀。虫口密度较大的果园内,于成虫发生初期,在树冠下撒施3%辛硫磷颗粒剂,用耙将表土耙松,使土与药粉充分混合,可杀死部分成虫。在成虫为害期,对树冠喷雾杀死成虫,可选用40%毒死蜱乳油1 500倍液,或90%晶体敌百虫800倍液,或20%灭扫利乳油2 000倍液等药剂。

(七)云斑天牛

云斑天牛又名核桃大天牛,在我国南、北均有分布。为害栗、梨、核桃等果树和桑、栎等树木。幼虫在皮层及木质部钻蛀隧道,受害树大部分枯死。

1. 形态特征　成虫体灰黑色,前胸前板有2个肾形白斑,小盾片白色;鞘翅基部密布黑色瘤状颗粒,鞘翅上有大小不等的白斑,似云片状。卵长椭圆形,略弯曲,淡土黄色。幼虫黄白色,略扁;胸部背板橙黄色,且有黑色点刻,两侧白色,有1半月形橙黄色斑块;后胸及腹部1～7节背面和腹面分别有“口”形骨化区。蛹褐色。

2. 发生规律　该虫每2年发生1代,以成虫和幼虫在树干内越冬。翌年春季,成虫开始活动,啃食当年生枝条的嫩皮,食害30～40天,开始交配、产卵。卵多产在树干离地面2米以内处,产卵时在树皮上咬成长形或椭圆形刻槽,将卵产于其中,每处产卵1

粒。每雌产卵20粒左右,经10～15天,幼虫孵化后,先在皮层下蛀成三角形蛀痕,幼虫入孔处有大量粪屑排出,树皮逐渐外胀纵裂,被害状极为明显。幼虫在边材为害一个时期,即钻入心材,在虫道中过冬。翌年8月份,在虫道顶端做室化蛹,9月份羽化为成虫,即在其中越冬。第三年果树发枝后,成虫在枝干上咬一圆孔钻出。

3. 防治方法 成虫发生期人工捕捉成虫。待成虫产卵后,如发现有产卵刻槽,可用石头或铁锤砸卵槽,消灭卵或初孵幼虫。幼虫发生期,发现树干有粪屑排出时,挖出幼虫,或用细钢丝钩杀幼虫,或从虫孔注入80%敌敌畏乳剂100倍液后,堵塞虫孔,都有良好效果。

(八)银杏大蚕蛾

又称核桃大蚕蛾,俗名白果虫,分布广泛。除为害银杏外,还取食核桃、栗、柿、梅、李、梨、苹果等果树和樟、柳等树叶片。

1. 形态特征 雄虫体为深褐色,触角羽毛状;雌虫体为红褐色,触角栉齿状,颜色与体相同;前翅外缘略向里凹,近顶角处有一明显的黑斑,有缘毛,在中室有不太明显的近椭圆形斑;后翅中室有一明显的眼状斑;前、后翅均有两条很明显的波状横线,均略与翅的外缘平行。卵初产为鲜绿色,后渐变为白灰色,带有米黄色花纹,椭圆形,两端略平,顶端有明显的小黑点。刚孵出的幼虫除腹呈黄色或灰白色带有黑线外,其余均为黑色,体背有白色的毛束,三龄后体增大,四龄和五龄幼虫有绿色型和黑色型之分。老熟幼虫体背毛束连成一条很整齐的毛带,初为黄绿色,后变白色,腹部10节,足8对。茧初期为银白色,后渐变为褐色,椭圆形,蛹褐色。

2. 发生规律 广西1年发生1代,以卵越冬。卵期在9月中旬至翌年4月中旬。越冬卵孵化不整齐,受小气候影响。广西越冬卵孵化初期为3月底至4月初,幼虫发生期为3月下旬至6月上旬，初孵化幼虫1小时后开始取食。三龄前喜群集，四、五龄分散活动。蛹发生期为5月中旬至9月中旬，成虫发生期为9月上旬至10月上旬。成虫在9月上旬交尾产卵，一般到9月中旬结束。卵多产于背风向阳的老龄树离地面1～3米的表皮裂缝或凹陷处，集中成堆或单层排列。

3. 防治方法　在幼虫发生期，人工捕捉幼虫和摘除虫茧，集中处理。利用成虫趋光性，于9月间雌蛾产卵前，用黑光灯诱杀成虫。注意保护利用天敌，天敌有赤眼蜂，平腹小蜂和柞蚕茧蜂等对其抑制作用较强。利用三龄前幼虫有群集性的特性和抗药力弱的时期喷药，可选用的药剂有40%毒死蜱乳油1 500倍液，或10%除尽（虫螨腈）悬浮剂1 000～1 500倍液，或15%安打（茚虫威）悬浮剂3 750倍液，或90%晶体敌百虫1 500倍液，或20%氰戊菊酯乳油2 000～2 500倍液等。

（九）银杏超小卷叶蛾

银杏超小卷叶蛾分布于江苏、安徽、浙江和广西等银杏重点产区。但年平均气温在14℃以下的北部，未见此虫。其危害程度从南向北为逐渐减轻的趋势。以幼虫潜食短枝端部或蛀食当年生长的嫩枝，使枝条枯死，叶片与幼果散落。受害短枝翌年不再萌发，形成枯枝。

1. 形态特征　成虫黑褐色，头部淡褐色；触角和背部暗褐色，腹面黄褐色；前翅黑褐色，中部有深色纹，前缘自中部到顶角有7组较明显的白色沟状纹。卵椭圆形，表面光滑，乳白色，中间具有红色不规则的环状纹。老熟幼虫灰白色或淡黄色，头部、前胸背板及臀板均为黑褐色。蛹黄色，羽化前为黑褐色，复眼黑色。

2. 发生规律　1年发生1代。以蛹越冬。翌年3月下旬至4月中旬为成虫羽化期，成虫经补充营养后，4月初交尾后2天产卵，卵单粒散产，产于树冠的侧枝或小枝上，以1～2年生的小枝上产卵较多。4月中旬至6月中旬为幼虫为害期,以4月下旬至5月上旬为害最盛。初孵幼虫多潜伏于短枝凹陷处取食,1～2天后蛀入枝内,在短枝间横向取食,受害枝、叶和果实全部枯萎而死。有的从长枝的茎部钻孔向端部蛀食,有的在中部钻孔向基部蛀食,幼虫在枝条内为害约25天,后转向枯叶、卷叶静栖,傍晚外出取食叶肉,14天左右爬向树干,当日蛀入树皮,并在其内滞育(7月下旬),直到11月中旬才在原处做茧化蛹过冬。

3. 防治方法 4月底剪烧被害枯萎枝,5月下旬至6月上旬扫除地上枯枝落叶,集中烧毁。在成虫羽化之前(3月下旬)用涂白剂(生石灰5千克,80%敌敌畏乳剂100克,食盐1千克,清水20升混匀)涂刷树干(重点是中、下部树干),防止成虫羽化。初孵幼虫蛀入嫩枝前(4月中下旬)及幼虫从枝条内爬向卷叶时(5月中下旬)是树冠喷药的最佳时期。可选用10%除尽(虫螨腈)悬浮剂1 000～1 500倍液,或15%安打(茚虫威)悬浮剂3 750倍液,或90%晶体敌百虫加20%氰戊菊酯乳油(1∶1)2 000～2 500倍液,或40%毒死蜱乳油加20%氯戊菊酯乳油(1∶1)2 000～2 500倍液,对树冠喷雾。

(十)樟　蚕

樟蚕分布于福建、广东、广西、湖北、江西、浙江、江苏等省、自治区。除为害樟树外,还为害银杏、板栗、核桃、沙梨、柑橘等果树和枫树等林木。幼虫食叶,严重时将叶片全部吃光。

1. 形态特征 雌蛾翅灰褐色,翅中有一个眼状纹;后翅花纹与前翅略同,但色较浅,眼纹较小;触角双栉齿状。雄蛾后翅花纹与前翅略同,但色较浅,眼纹较小,与雌蛾相似,但色泽鲜艳,触角羽毛状。卵白色,长椭圆形,直立排列成带状或块状。幼虫共7龄,幼龄幼虫体黑褐色,渐变为墨绿色;老龄幼虫黑褐色,蛹纺锤形,棕褐色。

2. 发生规律　1年发生1代，以蛹越冬。成虫下午羽化，晚上交尾和产卵。雌蛾产卵于银杏树冠部位直径为2厘米左右处，1、2年生小枝下方。卵期30天左右。一至三龄幼虫有群集性，常整齐排列于叶背面。四龄后分散取食，幼虫期90～120天。7月下旬后幼虫老熟时，常数十头群集于树干弯曲枝下方结茧，并在茧内陆续化蛹，蛹期为210～240天。茧紧附于树干上。

3. 防治方法　可人工刮除卵块，摘除虫茧。利用成虫趋光性，在成虫羽化盛期，用黑光灯诱杀。对一至三龄期的幼虫可用40%毒死蜱乳油1 500倍液，或10%除尽(虫螨腈)悬浮剂1 000～1 500倍液，或15%安打(茚虫威)悬浮剂3 750倍液，或90%晶体敌百虫1 000倍液，或20%氰戊菊酯乳油2 000倍液喷洒树冠，杀死幼虫。

(十一)舞毒蛾

舞毒蛾分布很广，食性杂，除为害银杏外，还可为害苹果、梨、柿、板栗、柑橘、梅等果树和阔叶树，以幼虫取食叶片，严重时整株的叶片和嫩枝被吃光。

1. 形态特征　成虫雌、雄特征很明显。雌蛾体较大，为白色而略带灰色或浅褐色，前翅花纹变异大，典型的具有4条锯齿状黑色横线、中室有一黑点，腹部粗大，密被淡黄色毛组织的毛垫，触角黑色。雄虫瘦小，体色较深，似枯叶色，前翅灰褐色，具有与雌蛾相同的花纹。卵黄色，光滑，有光泽，球形，两端略扁。一龄幼虫体色较深，体毛较长，着生在毛瘤上。三龄以后，背面3列毛瘤具有典型的颜色：前5对为蓝色，后5对为红色，均具黑色；幼虫体色多变，为黑灰色至黄色。头部黄褐色，具“八”字形黑色粗纹。蛹暗褐色或黑色，略具光泽。

2. 发生规律　1年发生1代，以完成胚胎发育的卵块在树干背面凹处及石缝等处越冬。翌年在寄主发芽时孵化，初孵幼虫经一段时间后,便群集在叶片上,夜间取食、活动。幼虫受惊后吐丝下垂,可借风转移。二龄以后分散取食。白天潜伏,傍晚成群上树取食。四龄后虫体增大,食量剧增,5～6 月份为害严重。老熟幼虫爬至树皮缝或树下杂草丛中及土、石缝内结茧,进入前蛹期,2 天后幼虫蜕最后 1 次皮化蛹。蛹期 15 天左右,羽化为成虫。成虫交尾后 1 天即可产卵。卵多产于直径 8～25 厘米粗的主枝阴面,或土、石缝间,卵块表面被覆较厚一层黄褐色鳞片。幼虫在胚内发育完全,但不孵化,而在卵壳内滞育越冬。

舞毒蛾是世界上著名的大害虫。大约 8 年为 1 个猖獗周期,准备期 1 年,增殖期 2～3 年,猖獗期 2 年,衰亡期 2 年。大多发生在郁闭度较大的林区,故距林区近的山地果园发生较多。

3. 防治方法　成虫羽化期,用黑光灯诱杀成虫,或用舞毒蛾性诱剂诱杀雄蛾。在幼虫群集尚未分散之前,及时连叶带虫剪下处理。注意保护利用天敌,主要是捕食天敌和卵寄生蜂。利用幼虫白天下树隐蔽的习性,在树下堆放石块,并在傍晚前向石块堆上和树干上喷药,使幼虫在上、下树的过程中触药死亡可选用 40％毒死蜱乳油 1 500 倍液,50％辛硫磷1 000倍液等药剂。在 5～6 月份间,幼虫大量发生为害时,喷布 10％除尽悬浮剂 1 000～1 500 倍液,或 15％安打悬浮剂 3 750 倍液等药剂。

(十二)黄刺蛾

黄刺蛾幼虫又称刺毛虫、洋辣子等。全国各地几乎均有分布,食性杂,可为害多种果树林木。以幼虫为害植物叶片,严重时仅残留叶柄,常造成某些果树二次开花,严重影响树势。

1. 形态特征　成虫体粗壮,鳞毛较厚;触角丝状,灰褐色;复眼黑色;头胸部黄色。卵扁椭圆形,初产时黄白色,后变为黑褐色;常数十粒排列成不规则块状。老龄幼虫体略呈长方形,头小,淡褐色,胸部肥大,黄绿色;胸足极小,腹足退化。蛹椭圆形,粗而短,黄褐色，包被在坚硬的茧中。茧灰白色，表面光滑，有几条褐色长短不一的纵纹，外形极似鸟蛋。

2. 发生规律 在我国南方1年发生2代，以老熟幼虫在树上结茧越冬。幼虫在5月上旬开始化蛹，5月下旬至6月上旬开始羽化，成虫盛发期在6月上中旬。羽化后不久即交尾产卵，多产于叶片，排列成块，卵期5天左右。初孵幼虫有群居性，多在叶背啃食叶肉后渐分散取食。第一代幼虫发生期在6月中下旬至7月上中旬，幼虫共8龄。老熟幼虫在枝条上结茧化蛹。7月下旬始见第一代幼虫，第二代幼虫在8月上中旬为害最重，8月下旬陆续老熟结茧越冬。

3. 防治方法 结合果树冬季修剪，彻底清除或刺破越冬茧。注意保护利用天敌，黄刺蛾的寄生性天敌有上海青蜂、黑小蜂等，其中以上海青蜂寄生率为高。防治关键时期是幼虫发生初期，可喷布40%毒死蜱乳油1 000～1 500倍液，或10%除尽悬浮剂1 000～1 500倍液，或15%安打悬浮剂3 750倍液，或90%晶体敌百虫1 000～1 500倍液等药剂。

思考题

1. 简述栗干枯病、核桃黑斑病和银杏茎腐病的防治方法。

2. 比较栗炭疽病和核桃炭疽病在症状、发生规律及防治方法上的异同。

3. 简述银杏种实霉烂病的症状及防治方法。

4. 根据当地为害板栗、银杏的主要害虫种类，掌握其主要特征、发生规律和防治方法。

第七章　浆果类果树主要病虫害及防治

浆果类果树种类很多,如葡萄、柿、猕猴桃、草莓、树莓、果桑、无花果、石榴、杨桃、人心果、番木瓜、番石榴、蒲桃、西番莲等,在我国南方各省均有种植。由于南方高温多雨,浆果汁多皮薄,故该类果树病虫害发生严重。本章重点介绍葡萄 11 种病虫害、柿 5 种病虫害的形态特征、田间诊断症状、发生规律及防治方法。

一、葡萄主要病虫害及防治

(一)葡萄黑痘病

该病又称鸟眼病、疮痂病,是我国分布最广、危害最严重的葡萄病害。主要危害葡萄的新梢、幼叶和幼果等幼嫩绿色组织。

1. 田间诊断　葡萄新梢、蔓、叶柄、叶脉、卷须及果柄受害时,产生暗色不规则凹陷斑,病斑可连合成片,形成溃疡、环切而使上部枯死。幼叶病斑呈多角形,叶脉受害后停止生长,使叶片皱缩以至畸形。叶片受害产生淡黄色圆形斑,中央灰白色,边缘暗褐色或紫色,干燥时破裂穿孔。幼果受害出现褐色圆斑,外围紫褐色,中央灰白色似鸟眼状;后期病斑开裂,病果小而味酸。

2. 发生规律　病菌主要以菌丝在病叶、病枝蔓等发病部位越冬。翌年萌芽后产生新的分生孢子,借风雨传播,从皮孔、气孔等自然孔口侵入,10 天左右即可形成病斑。以后不断产生分生孢子并多次再侵染,致使病情加重。远距离传播则靠带病苗木和插条运输实现。欧亚品种及地方品种易感病，而美洲种品种，如玫瑰露等较抗病。

3. 防治方法 加强冬季清园，烧毁修剪下的枯枝和落叶，同时喷施 3～5 波美度石硫合剂，或45％石硫合剂晶体100～200 倍液，减少初侵染源。可搭建简易塑料棚进行避雨栽培，在展叶初期开始喷药防治，以后每 10～15 天 1 次，连喷 6～8 次。2 叶 1 心期、花前 1～2 天、80％谢花及花后 10 天左右是防治的 4 个关键时期。有效药剂有：5％霉能灵可湿性粉剂 800～1 000 倍液，或 25％博洁（苯醚甲环唑）乳油2 000～3 000 倍液，或 55％杜邦升势（氟硅唑＋多菌灵）可湿性粉剂1 000～1 500 倍液，或 80％代森锰锌可湿性粉剂600～800 倍液，或 70％百菌清可湿性粉剂 800～1 000 倍液，或 50％多菌灵可湿性粉剂 800～1 000 倍液等。

（二）葡萄炭疽病

该病为南方葡萄的主要病害，主要危害果穗、也能侵染藤蔓和新梢、叶及卷须，但通常不表现症状。

1. 田间诊断 果粒表面最初产生褐色圆形小斑点，以后逐渐扩大，稍凹陷，其上产生许多黑色小粒点（病菌的分生孢子盘），排列成孢子团，这是该病的典型特征。发病严重时，病斑可以扩展到半个或整个果面，果粒软腐，易脱落。

2. 发生规律 病菌以菌丝体在 1 年生枝蔓表皮组织及病果上越冬，也可在叶痕、穗梗及节部芽处越冬。多年生老蔓不带菌，带菌的 1 年生枝是翌年的侵染源。翌年夏季温、湿度适宜时，越冬病菌产生分生孢子，开始侵入并潜伏在幼嫩组织中。葡萄成熟期是炭疽病的侵染盛期。果实硬核期以前很少发病，一般从软化期开始发病，但侵染期要 7 天以上。果实着色后发病加快，成熟期侵染到发病只需 2～4 天。品种间发病有一定差异，欧亚种比欧美杂交种发病轻，绿色品种比红色品种发病轻。

3. 防治措施 加强肥水管理,增施磷、钾肥,控施氮肥。幼果期套袋。果实成熟期保持土壤干燥。及时清除病果穗并进行冬季清园。发病前或发病初期可用80%代森锰锌可湿性粉剂600～800倍液,或77%可杀得可湿性粉剂400～600倍液,或80%必备(波尔多液)可湿性粉剂400～600倍液等药剂保护,隔7～10天喷1次,连用2～3次;套袋前再喷施一次兼具保护和治疗作用的药剂,如25%使百克乳油1 000～1 500倍液,或55%杜邦升势(氟硅唑＋多菌灵)可湿性粉剂800～1 200倍液等。

(三)葡萄白腐病

此病为南方葡萄主要病害,主要危害果实和穗轴,可造成严重减产,也能侵害枝蔓及叶片。

1. 田间诊断 一般先在穗轴或小穗轴上发病。初为淡褐色水渍状的病斑,逐渐向果粒蔓延。果粒基部先变为淡褐色、软腐,后全粒变褐腐烂。果皮下密生灰白色、略突起的小粒点(病菌的分生孢子器)。枝蔓发病一般在有损伤的地方,如新梢和与铁丝摩擦等处。蔓上病斑初呈淡红褐色水渍状,后色泽逐渐变深,表面密生略突起的灰白色小粒点。病菌能分泌毒素分解纤维,病蔓后期往往皮层与木质部分离、纵裂,纤维散乱如麻丝状。发病严重时,病蔓易折断,引起病部以上的枝叶枯死。叶片发病多从叶缘开始,先自叶缘发生黄褐色病斑,边缘水渍状,逐渐向叶片中部扩展,形成大型近圆形的淡褐色病斑,有不明显的同心环纹,后在病叶上也形成灰白色的小粒点,病斑较大时易破裂。

2. 发生规律 病菌以分生孢子器及菌丝体在病组织中越冬。在土壤中越冬的病菌,一般以在地表面和表土20厘米以内的土壤中居多。病果落地后一般不完全腐烂,其上病菌有些可以存活4～5年。干燥病果的基部有一个结构紧密的菌丝体,称为"壳座",对不良环境有很强的抵抗力。壳座越冬后,能形成新的分生孢子器及分生孢子。分生孢子通过风雨传播，经伤口侵入引起初次发病。以后又于病斑上产生分生孢子器，散发分生孢子引起再次侵染。一般从 6 月上中旬开始，直至果实成熟期，病害不断发生。

3. 防治方法　在发病严重地区，实行简易的塑料棚避雨栽培，并对接近地面的果穗套袋。秋末将地面的病穗、病果、病蔓、病叶等收集干净，集中烧毁或深埋。冬季结合修剪，剪除病蔓，以尽可能消灭果园内越冬病菌。发现零星病穗时开始喷药，以后每半月喷药 1 次，直至采果前停止，共喷药4～5 次。有效药剂有：50％福美双可湿性粉剂 500～700 倍液，或 80％代森锰锌可湿性粉剂 600～800 倍液，或 55％杜邦升势（氟硅唑＋多菌灵）可湿性粉剂 800～1 200 倍液等。

（四）葡萄霜霉病

该病为南方葡萄中后期主要病害，主要危害叶片，也可危害嫩梢、花、幼果等幼嫩部分。

1. 田间诊断　叶片发病，初现细小的淡黄色水渍状斑点，以后逐渐扩大，在叶面产生黄色或褐色的不整形病斑，边缘界限不明显，常数斑愈合在一起。病斑背面产生白色浓霜状霉层，此为病菌的孢囊梗和孢子囊。受害严重时，叶片焦枯卷缩，引起早期脱落。嫩梢受害，初生水渍状淡黄色病斑，表面也密生白色霜状霉。嫩梢被害后扭曲、生长停滞，严重时干枯死亡。幼果受害后，病部凹陷，遍长白霉，不久便皱缩脱落。当果实长到豌豆大时受害，则呈现红褐色斑，内部软腐，最后僵化开裂。果实着色以后就不再受害。

2. 发生规律　病菌以卵孢子在病组织中越冬或随病叶残体在土壤中越冬，翌年适宜条件下萌发。先产生芽孢囊，再由芽孢囊产生游动孢子，借风、雨传播到寄主叶片上，从叶背气孔侵入。只要环境条件适宜，病菌在生长期中能不断产生孢子囊，进行重复侵染。

3. 防治方法 由于病菌以卵孢子在病组织中越冬,冬季要搞好清园工作,收集病叶、病果,并剪除病梢,集中烧毁或深埋,以减少菌源。加强果园管理,合理修剪,尽量剪去近地面不必要的蔓叶,改善通风透光条件,以降低湿度。另外,适当增施磷、钾肥,在酸性土壤中应适量多施石灰,以提高葡萄对霜霉病的抵抗力。

在发病前或发病初期开始喷药防治,以后每隔 7~10 天左右喷 1 次,连续 3~4 次。有效药剂有:52.2%杜邦抑快净(霜脲氰+噁唑菌酮)可湿性粉剂 1 000~1 500 倍液,或 70%品润(代森联)可湿性粉剂 800~1 000 倍液,或 50%安克(烯酰吗啉)可湿性粉剂 2 000~2 500 倍液,或 50%锐扑(氟吗啉+乙膦铝)可湿性粉剂 500~800 倍液等。

(五)葡萄白粉病

1. 田间诊断 该病在南方葡萄中后期普遍发生,主要危害葡萄的果粒、叶片、新梢及卷须等绿色幼嫩组织,以果实受损最大。叶片受害,最初在叶面上产生细小、淡白色的霉斑,以后逐渐扩大成灰白色粉末状,严重时蔓延到整个叶片,致使病叶卷缩枯萎。果实受害,在果面产生粉状霉层,霉层下是褐色斑纹。幼果期受害,果实萎缩脱落;果实稍大时受害,表皮细胞死亡而变褐,果实停止生长、硬化、畸形,有时开裂,果味极酸;后期病果干枯腐烂。新梢及果梗受害,初期病斑白色,后变为褐色,最终变成黑色,表面着生稀疏的白粉层。

2. 发生规律 病菌以菌丝体在枝蔓的被害组织或芽鳞中越冬,翌年环境条件适宜时形成分生孢子,借风力传播,直接侵入寄主。高温、干旱有利于病害发生和流行。在设施栽培中,白粉病是主要的病害种类。栽植过密,管理粗放,通风透光不良等都有助于发病。

3. 防治方法 加强栽培管理,增施有机肥和磷、钾肥,提高植株抗病力;及时摘心、绑蔓,控制副梢生长,保持果园通风透光,减轻病害的发生;保持果园清洁卫生,冬季结合修剪剪除病枝,并清除落叶、落果，及时烧毁，减少越冬病菌。硫制剂对白粉病防治有良好的效果，可在葡萄发芽前喷洒1次3～5波美度石硫合剂，或45%石硫合剂晶体100～200倍液。发芽后则改喷0.2～0.5波美度石硫合剂或50%硫黄悬浮剂300～400倍液。生长期可用下列药剂喷雾，效果良好，有效药剂有：15%粉锈宁可湿性粉剂800～1000倍液，或30%百美(醚菌酯)悬浮剂2000～3000倍液等。

(六)葡萄灰霉病

1. 田间诊断　灰霉病在南方葡萄产区普遍发生，主要危害花序、幼小果实和已成熟的果实，有时亦危害新梢、叶片和果梗。发病初期，花序似热水烫状，后变成暗褐色，病部组织软腐，表面密生灰霉，即分生孢子，稍加触动，孢子呈烟雾状飞散，被害花序萎蔫，幼果极易脱落。花穗和刚落花后的小果穗易受侵染。发病初期被害部呈淡褐色水渍状，很快变为暗褐色，整个果穗软腐，潮湿时病穗上长出一层鼠灰色的霉层，上有微细的水珠。晴天时，腐烂的病穗逐渐失水萎缩、干枯脱落。新梢及叶片受害时产生淡褐色、不规则的病斑。病斑有时出现不太明显轮纹，也长出鼠灰色霉层。成熟果实及果梗被害，果面出现褐色凹陷病斑，很快整个果实软腐，长出鼠灰色霉层，果梗变黑，不久在病部长出黑色块状菌核。

2. 发生规律　主要以菌核和分生孢子越冬，翌年春季温度回升，遇降雨或湿度大时即可萌动产生新的分生孢子，新、老分生孢子通过气流传播到花穗上，开始当年的初侵染。发病后，长出大量新的分生孢子，靠气流传播进行多次再侵染。葡萄灰霉病一年有2次发病期。第一次发病在开花前后，此时如低温多雨，空气湿度大，则造成花序大量被害。第二次发病在果实着色至成熟期。

3. 防治方法

(1)消灭病原　在病残体上越冬的菌核，是主要的初侵染源。因此，结合其他病害的防治，彻底清园和搞好越冬休眠期防治；春季发病后,于清晨趁露水未干,仔细摘除和捡拾、销毁病花穗以减少再侵染菌源。

(2)加强果园管理　控制速效氮肥的使用,防止枝梢徒长,抑制营养生长,对过旺的枝蔓适当的修剪,或喷生长抑制素,保持果园的通风透光,降低田间湿度等,均有较好的预防效果。

(3)药剂防治　以花前为主,花前 7 天喷 1 次,临近花期时再喷 1 次,花后再喷 1 次,以后每 10 天左右喷 1 次,即可控制发病。优良药剂有:50%速克灵可湿性粉剂 1 500～2 000 倍液,或 50%扑海因可湿性粉剂 1 500～2 000 倍液,或 50%农利灵可湿性粉剂 500～600 倍液等。

(七)葡萄轴枯病

1. 田间诊断　该病主要危害葡萄小果梗、穗梗和果粒,也能危害叶片。果梗发病初期,基部呈深红黄色,边缘褐色至暗褐色晕,病斑逐渐扩大,果梗变褐干枯缢缩,果粒基部先呈萎蔫状,后变为黑红色至黑色,果粒渐萎缩成黑色僵果,有棱角。僵果密生黑色小颗粒状突起,即病菌的分生孢子器。穗梗染病初期发生圆形或不规则形深褐色病斑,绕穗轴一周时穗梗干枯,全穗果粒皱缩,变成黑褐色至赤褐色的僵果悬挂枝上。叶片染病初期发生圆形褐色斑点,逐渐扩大,变成中央灰白色外部褐色、边缘黑色的病斑,病斑中央灰白色部分可产生黑色颗粒。

2. 发生规律　病菌以分生孢子器和子囊壳在被害部位越冬,每年 5～6 月份分生孢子从分生孢子器内散出,子囊孢子从子囊壳内散出,借风雨传播,侵入危害,病菌最适宜侵入温度为 24℃～28℃,所以高温多雨最适宜侵染发病,近成熟期受害最重。树势衰弱、排水不良的葡萄园,发病较重。

3. 防治方法　晚秋结合剪枝,彻底清除病果、病穗,烧毁或深埋,清除菌源。发病初期结合整枝摘除病果、病穗和病叶深埋或烧毁。及时排水，摘除副梢，改善通风透光条件。谢花后即应开始喷药防治，每隔10～15天喷1次，连喷3～4次。喷药应细致周到，重点是保护果穗。有效药剂有：80%代森锰锌可湿性粉剂600～800倍液，或70%甲基硫菌灵可湿性粉剂800～1 000倍液，或75%百菌清可湿性粉剂600～800倍液，或50%多菌灵可湿性粉剂800～1 000倍液等，轮换可降低抗药性的产生概率。

（八）葡萄透翅蛾

该虫在我国主要葡萄产区均有分布。以幼虫蛀食枝蔓为害，被害部往往肿大，致使叶片发黄，果实脱落，被害茎蔓容易折断枯死。蛀枝口外常有呈条状的黏性虫粪。

1. 形态特征　成虫体黑褐色，头的前部及颈部黄色，触角紫黑色，后胸两侧黄色，前翅赤褐色，前缘及翅脉黑色，后翅透明；腹部有3条黄色横带，雄蛾腹部末端左右各有长毛丛1束。卵椭圆形、略扁平、紫褐色。幼虫共5龄，老熟幼虫全体略呈圆筒形，头部红褐色；胸腹部黄白色，老熟时带紫红色；前胸背板有倒"八"字形纹，前方颜色淡。

2. 发生规律　各地均1年发生1代，以6～7月份为害最重，10月后以幼虫在葡萄枝蔓中越冬。翌年春季，越冬幼虫在被害处的内侧咬一圆形羽化孔，然后在蛹室做茧化蛹。各地出蛾期先后不一。成虫具有趋光性。雌蛾羽化当日即可交尾，翌日开始产卵，卵单粒产于葡萄嫩茎、叶柄及叶脉处。初孵幼虫多从葡萄叶柄基部及叶节蛀入嫩茎，然后向下蛀食，转入粗枝后则多向上蛀食。葡萄多以直径约0.5厘米以上的枝条受害，较嫩枝受害后，常肿胀膨大，老枝受害则多枯死。特别是主枝受害，造成大量落果，严重影响产量。幼虫一般可转移1～2次，多在6～7月份转移。

3. 防治方法　选择抗虫品种，加强田间肥水管理，以增强树势。结合冬剪，剪除带有残虫的枯枝，集中烧毁或深埋，消灭越冬幼虫虫源,减少害虫基数。当年6月份开始悬挂透翅蛾性诱杀虫剂,以消灭成虫,降低为害,并以此作为施药适期预报的依据(当诱蛾量出现高峰后,蛾量锐减时,即为当代成虫羽化的盛末期,是药剂防治的最佳时期)。在成虫羽化的盛末期可喷洒15%安打(茚虫威)悬浮剂3 500～4 000倍液,或10%虫螨腈悬浮剂1 000～1 500倍液等。

(九)葡萄二星叶蝉

该虫除为害葡萄外,还为害猕猴桃、桃、樱花等植物。以若虫、成虫刺吸植株新梢和嫩叶的汁液,虫口密度较高时叶面常有小白点连成一片,使叶片提前枯落,对产果有很大影响。

1. 形态特征 成虫有红褐色和黄白色两型,以红褐色为多。复眼墨绿色,头顶上有2个明显的圆形黑斑;前胸背板有纵长曲线及不甚分明的点纹,盾板有粗宽的黑纹;翅半透明,前翅斑纹不规则,且浓淡不一;后翅无端横脉。卵黄白色,长椭圆形,稍弯曲。若虫体躯颜色也有两型,一种体为红褐色,有尾部向上举的习性;另一种体为淡黄色,尾部不向上举。

2. 发生规律 1年发生3代,以成虫在室外杂草、落叶、土缝或石缝等处越冬。翌年春葡萄发芽前,成虫开始活动时,先为害桃花、樱花、梨和杂草等,葡萄展叶后为害葡萄。5月中旬越冬成虫开始产卵,卵散产在叶背叶脉内或绒毛下。当年第一代若虫5月下旬至6月上旬发生,第二代若虫7月上旬至8月上旬发生,第三代若虫9月中旬至10月上旬发生。葡萄二星叶蝉善跳动,有趋光性,若虫、成虫都在叶背活动为害。

3. 防治方法 合理修剪,整枝和支架,保持通风透光。秋后清除杂草、落叶,集中处理,消灭越冬成虫。虫口密度较高时,可喷施下列药剂防治:2.5%敌杀死乳油2 000～3 000倍液,或10%安绿宝乳油1 500～2 000倍液,或10%吡虫啉可湿性粉剂1 500～

2 000 倍液，或 15％金好年乳油 1 500～2 000 倍液等，每 7～10 天 1 次，连喷 2～3 次，均有良好效果。

（十）葡萄根瘤蚜

该虫为全国检疫性害虫，于 2005 年在我国局部地区发现，以成虫和若虫吸取寄主的汁液。主要为害葡萄根部，以新生根须为主。须根被害后形成结节状根瘤，在须根端部膨大成小米粒稍大的菱形根瘤，主根上则形成较大的瘤状突起，称“根瘤型”。葡萄受害后，被害部溃烂，致使皮层开裂、剥落，维管束遭到破坏，从而影响水分吸收和输送，同时受害部位容易遭到其他病菌的侵染，造成根部腐烂。一般受害树势显著衰弱，叶片变黄，提前落叶，产量大幅度降低，严重时整株死亡。叶部受害后，在叶背形成许多粒状虫瘿，称为“叶瘿型”，影响叶部光合作用及植株的正常发育。

1. 形态特征　根瘤型无翅成蚜长卵形，黄色或黄褐色，体背有许多黑色瘤状突起，上生 1～2 根刚毛。叶瘿型无翅成蚜近圆形，黄色，体背高度隆起，无小瘤，表面有细小颗粒状突起；有翅蚜长椭圆形，橙黄色，翅无色透明。

2. 发生规律　在山东烟台 1 年可发生 8 代。7～8 月份平均产卵 60 多粒，多可达 150 粒。其卵和若蚜耐寒力强，在－13℃左右可致死。在夏季较干旱时易猖獗。在有完整生活史的地区，枝条上往往附着越冬卵，随插条传播，也可以随耕作工具传播。对葡萄属植物有较大危害。

3. 防治方法　加强检疫，严禁从疫区引种苗木，对苗木要严格检疫及消毒。用 10％吡虫啉可湿性粉剂 1 500～2 000倍液，或 15％金好年乳油 2 000～3 000 倍液，对葡萄园植株、地面和支架等均匀喷雾。在药剂处理 24 小时后，可将地上部分贴根砍掉，藤蔓就地切断，每段不长于 50 厘米，集中于深坑内，浇淋农药后覆土。对园堤和果园中葡萄根部范围，均匀灌透 50％辛硫磷乳油 600～

800 倍液;对园中水泥桩、栏杆等近地面 20 厘米高度范围均匀喷药;对果园其他地面喷药,要求不见干土。有条件的地方,要对全部果园灌水杀虫,及时清除水面的杂物,集中深埋,保持水深不低于 10 厘米,持续一个月。均可取得良好效果。

(十一)葡萄短须螨

葡萄短须螨在葡萄产区普遍发生。春季从葡萄展叶开始,以幼虫、成虫先后在嫩梢基部、叶片、果梗、果穗及副梢上为害。受害叶面产生很多黑褐色斑块,受害严重时焦枯脱离。果穗受害后,果梗、穗轴呈黑色,组织变脆,极易折断。果粒前期受害后,果面呈现铁锈色,果皮表面粗糙,有时龟裂,影响果粒生长。果穗后期受害,可影响果实着色,严重影响葡萄的产量和品质。

1. 形态特征 雌成螨体赭褐色,眼点红色,腹背中央红色;体背中央呈纵向隆起,后部末端上下扁平。背面体壁有网状花纹,背面刚毛狭披针状;4 对足皆粗短多皱纹。卵圆形,鲜红色,有光泽。幼虫体鲜红色,有足 3 对、白色,体两侧前后足各有 2 根叶片状的刚毛;腹部末端周缘有 8 条刚毛。若虫体淡红色或灰白色,足 4 对;体后部上下较扁平,末端周缘刚毛 8 条全为叶片状。

2. 发生规律 每年发生 6 代以上。以雌成虫在老皮裂缝内、叶腋及松散的芽鳞绒毛内群集越冬,目前尚未发现雄成虫。越冬雌成虫在翌年春出蛰,为害刚展叶的嫩芽,半月左右开始产卵。以幼虫、若虫和成虫为害嫩芽基部、叶柄、叶片、穗柄、果梗、果实和副梢。10 月份开始转移,11 月份开始越冬。因品种不同,受害程度也有差异。叶片表面绒毛短的品种受害较重,如玫瑰香等,叶片绒毛密而长的品种或绒毛少而光滑的品种受害则轻,如白马拉加等。其发生还与温、湿度有密切关系,随着温、湿度的升高,各代发生时间缩短。7～8 月份的温、湿度最适合其繁殖,因而发生数量最多。

3. 防治方法　冬季清园，剥除枝蔓上的老粗皮烧毁，以消灭在粗皮内越冬的雌成虫。春季葡萄发芽时，喷施 3 波美度石硫合剂或 45%石硫合剂晶体 300～400 倍液。葡萄生长季节，可用下列杀螨剂防治：57%炔螨特乳油 2 000～3 000 倍液，或 5%尼索朗乳油 1 500～2 000 倍液，或 1.8%阿维菌素乳油 1 500～2 000 倍液等，每 10～15 天喷 1 次，连喷 2～3 次。

二、柿主要病虫害及防治

（一）柿炭疽病

1. 田间诊断　该病在南方柿区普遍发生，局部严重，可造成大量落果而影响产量。该病主要危害果实和新梢，也危害叶片。在果实发病初期，果面上出现针头大小、深褐色或黑色斑点，病斑逐渐扩大成圆形，稍凹陷，最后病斑外围呈黑褐色，中央密生灰色至黑色小粒点，此即病菌的分生孢子盘。当果面潮湿时，涌出粉红色黏质物，此为病菌的分生孢子团。病果在成熟前脱落，或软化提前成熟。新梢染病时，初生黑色小圆斑，后变为暗褐色，扩大成椭圆形，中部略凹陷，常纵裂，上生黑色小粒点。病斑下的木质部腐朽，因此病梢易折断。

2. 发生规律　以菌丝体在新梢病斑内越冬，翌年晚春、当平均气温在 15℃以上，并在多湿的条件下，开始产生新的分生孢子，借风雨传播，引起初次侵染。接着产生大量的分生孢子再次侵染。枝梢一般在 5 月份开始发病，梅雨期严重发生。果实发病多从7～8 月份开始，以后陆续发生直至采收期。此病发生轻重与雨水有密切关系，8～9 月份如多雨，则果实发病重；果园管理粗放，肥料不足，树势衰弱的发病重。

3. 防治方法　加强肥水管理，增施有机肥和磷、钾肥，增强树势，提高植株抗病能力；结合冬季修剪，彻底清除园中落果、病枝及病叶,并及时收集烧毁或深埋,同时注意在生长期中随时剪除病枝,以减少菌源。发芽前喷洒 5 波美度石硫合剂或 45%石硫合剂晶体 200~300 倍液 1 次。生长期可选择下列药剂:80%代森锰锌可湿性粉剂 600~800 倍液,或 25%使百克乳油 1 000~1 500 倍液,或 25%咪鲜胺锰盐可湿性粉剂1 000~1 500 倍液等,每 10~15 天喷 1 次,连用 5~6 次。

(二)柿角斑病

1. 田间诊断 该病在南方柿区普遍发生,主要危害叶片及果蒂,可造成大量落叶,影响产量。叶片被害时,开始时在正面出现黄绿色或淡褐色不规则病斑,病斑内的叶脉变褐色,没有明显的边缘。病斑进一步扩展时,颜色逐渐加深,四周受叶脉所阻,边缘逐渐明显,最后形成中间深褐色、边缘黑色的多角形病斑,上面密生黑色绒状小粒点,即病菌的分生孢子盘。病斑背面开始时呈淡黄色,后呈褐色或黑褐色,有黑色边缘,但不及正面明显,其上也长有黑色绒状小粒点。柿蒂染病时,病斑发生在蒂的四角,呈褐色至深褐色,病斑大小不定,由蒂的尖端向内扩展。病蒂两面均可产生黑色小粒点。当病害发生严重时,引起大量落叶、落果。落果时,病蒂大部分残留在树上。

2. 发生规律 以菌丝体在病蒂和病叶上越冬,翌年 5~6 月份适宜的温、湿度条件下,产生新的分生孢子初侵染。分生孢子主要借雨水传播,从叶背气孔侵入。一般经过 25~38 天的潜育期开始表现症状。以后只要环境条件适合,病斑就可不断产生分生孢子,进行重复侵染。雨量多时发病重,雨量少则发病轻。一般幼叶不易受侵染,而老叶易被侵染;同一枝条上,顶部的叶片不易受侵染,而下部的叶片较易受侵染。树势强发病轻,而树势弱则发病重。

3. 防治方法 残留在树枝上的病蒂是初侵染病菌的主要来源,必须及时摘除烧毁,在落叶后至翌年新叶抽生前都可进行。加强果园肥水管理，增施有机肥料，改良土壤，做好排灌工作，增强树势，提高抗病力。生长季节用下列药剂喷雾保护，如 80%代森锰锌可湿性粉剂 600～800 倍液，或 55%升势（氟硅唑＋多菌灵）可湿性粉剂 1 000～1 200 倍液，或 40%福星乳油 8 000～10 000 倍液等，可收到良好防治效果。但喷药要周到，尤应注意充分喷湿叶片的背面。

(三)柿脐腐病

1. 田间诊断　这是广西桂北柿区近年来新发生的病害，主要危害果实，发病率一般在 10%～20%，严重发生时可达 80%，损失巨大。该病主要危害果实，一般先是果顶部的果肉木栓化变黑，然后果肉软化，提前成熟，最后脱落霉烂。严重的从果腰变黑，除中柱外，全部果肉变黑；有些病果则果面凹陷、果内充胶。

2. 发生规律　该病为生理性病害，但目前尚不清楚其发病机制。可能是环剥和缺硼造成。环剥质量高的果园发病轻，重视施硼的果园发病轻，华南牛心柿比恭城月柿发病轻，重施基肥、有机肥的果园发病轻，角斑病、炭疽病防治好的果园发病轻，树势强的植株发病轻。8～10 月份尤其是 9 月份高温干旱则发病重。幼年结果树和成年结果树均可发病。

3. 防治方法　冬季结合深耕改土，重施基肥和磷、钾肥，控施氮肥，以增强树势。加强角斑病、炭疽病等病虫害的防治。结合冬季深施增施硼肥，株施持力硼或志信大地硼 10～15 克，在柿树开花前、开花后、幼果膨大期再用速乐硼或志信高硼 1 500～2 000 倍液各喷雾 1 次。要谨慎使用环剥技术保果，中庸树、弱树不环剥，可采用其他措施，如使用赤霉素保果等。树势旺的多在始花期环剥 1 次，但环剥后必须加强栽培管理，使其尽快恢复树势。

(四)柿绒蚧

在我国各地均有发生,是柿树的重要害虫之一。以成虫和若虫刺吸柿树嫩枝、幼叶和果实。嫩枝被害后,生长纤弱,难以发芽甚至干枯;幼叶受害,皱缩变畸,诱发煤烟病,容易脱落。若虫和成虫特别喜欢群集在果实与柿蒂相接的缝隙处为害,被害处初呈黄绿色小点,后逐渐扩大成黑斑,使果实提前变软脱落,严重影响产量和质量。

1. 形态特征 雌成虫体椭圆形,暗紫红色,体节明显,腹部边缘有白色弯曲的细毛状蜡质分泌物,老熟时在一白色如米粒的毡状蜡囊中,尾部有白色絮状、蜡质的卵囊。雄成虫体紫红色,仅具1对翅,腹末有1对与体等长的白色蜡丝。卵紫红色,椭圆形,表面附有白色蜡粉,藏于卵囊中。若虫紫红色,体椭圆形,扁平,周身有短刺状的突起,密被灰白色的蜡粉,腹末具1对较长的蜡丝。

2. 发生规律 该虫在广西1年发生5～6代,以若虫在寄主枝条、树干皮层的裂缝及树上的干柿蒂上越冬。翌年4月份,树芽萌动时开始活动,爬到幼芽、嫩梢和嫩叶上吸食汁液,以后在柿蒂和果实的表面固着为害,同时分泌蜡被于体表,逐渐长大分化为雌、雄两性。5月份成虫羽化并交配,雌虫体背逐渐形成白色的卵囊,并产卵其中。以寄生在果上的雌虫产卵量为多。第一代若虫出现的盛期为5月底至6月初。7月中旬、8月中旬和9月中旬分别为2、3、4代若虫的盛孵期。前两代主要为害叶片及小枝,后两代主要为害柿果,造成的经济损失最大。10月中下旬,第五代若虫开始潜藏越冬。多种瓢虫、草蛉是柿绒蚧的捕食性天敌,应注意保护。

3. 防治方法 冬季柿树落叶后,及时收集落叶落果,剪除病虫枯枝并深埋或烧毁,同时在早春柿树发芽前,喷洒5波美度石硫合剂,或45%石硫合剂晶体300～400倍液,消灭越冬若虫。在柿树展叶至开花前，越冬若虫开始活动但还未形成蜡壳前，喷药防治1～2次，每10～15天1次，有效药剂有：50%灭虫露（稻丰散）乳油1 000～1 500倍液，或40%毒死蜱乳油800～1 000倍液等，效果良好。

（五）柿蒂虫

柿蒂虫又称柿实蛾、柿钻心虫，是为害柿树的重要害虫之一。主要以幼虫为害果实，形成"烘柿"，提前脱落，对产量影响很大。

1. 形态特征　成虫头部黄褐色，触角丝状；前后翅均细长，缘毛较长，有金属光泽；前翅近顶端有一条由前缘斜向外缘的黄色斑纹，足和腹部末端均呈黄褐色。卵椭圆形，初为乳白色，后为粉红色。幼虫头部褐色，躯干浅黄色。老熟幼虫头部黄褐色，前胸背板变成褐色。

2. 发生规律　该虫在华南1年发生2代，以老熟幼虫在柿树枝干的老翘皮下和树干基部的土缝里越冬，翌年4月下旬至5月上旬越冬幼虫化蛹，5月中旬成虫开始羽化。成虫初羽化时飞翔力弱，趋光性强，白天停留在柿叶背面，晚上活动并交尾产卵。卵多散产在果蒂和果柄之间。5月下旬第一代幼虫出现并开始为害幼果，1只幼虫可蛀害5～6个幼果。6月下旬至7月上旬幼虫老熟。7月份第一代成虫羽化。第二代幼虫从7月中旬至9月底为害果实，为害盛期在8月份，9月份幼虫逐渐老熟越冬。幼虫为害时，蛀入果内食害果肉。一般高温多雨年份，幼虫为害重，蛀果较多，可引起大量落果。

3. 防治方法　8月上旬可在树干上绑草把，诱杀越冬幼虫，以减少越冬虫源；冬、春季刮除树干老翘皮，并结合涂白消灭越冬幼虫，防止残存幼虫化蛹及羽化。在6月中下旬和8月中下旬1、2代幼虫为害盛期，人工摘除被害果，带出园外，集中销毁。摘除虫害果时，应将柿蒂一并摘下，连续3次，可收到良好效果。

开春后，在树干基部土壤撒入5%辛硫磷颗粒剂，并拌匀埋入土内，消灭越冬虫源。在成虫羽化盛期和幼虫孵化后，喷洒90%晶体敌百虫800～1 000倍液，或20%灭扫利乳油1 500～2 000倍液，或80%敌敌畏乳油1 000～1 200倍液，或2.5%功夫乳油2 000～3 000倍液。

思考题

1. 南方葡萄主要病虫害种类有哪几种?
2. 葡萄白腐病发生特点及综合防治方法是什么?
3. 葡萄根瘤蚜如何进行综合防治?
4. 南方柿主要病虫害种类有哪些?
5. 柿角斑病发生特点是什么?如何进行综合防治?
6. 柿绒蚧发生特点及综合防治方法是什么?

第八章 亚热带和热带果树主要病虫害及防治

我国亚热带和热带果树主要分布在广东、广西、云南和海南等地，资源繁多，品种丰富。在众多的果树品种中，种植最多的是荔枝、龙眼、香蕉和杧果等树种。由于高温多雨，生长季长，病虫害发生严重。本章重点介绍荔枝龙眼11种病虫害、香蕉10种病虫害、杧果13种病虫害的形态特征、田间诊断症状、发生规律及防治方法。

一、荔枝、龙眼主要病虫害及防治

（一）荔枝霜疫霉病

该病为荔枝产区普遍发生和危害严重的重要真菌性病害，主要危害花穗、果实、结果小枝，亦可危害叶片。将近成熟及成熟果受害尤为严重。可引起大量落花、落果、烂果和裂果，特别是在成熟前20天内，常常大流行发生，造成严重损失，损失率可达30%～80%。

1. 田间诊断 霜疫霉病主要在荔枝花期和果实成熟期发生严重。花穗期发病，花穗变褐色腐烂，病部在湿度大或保湿时长出白色的霉状物。结果小枝、果柄受害，病斑呈褐色，病健界限不明显。果实成熟前，可在任何部位发病，形成褐色的病斑，潮湿时可长出白色的霉状物，病斑迅速扩大至全果变褐，果肉腐烂、发酸。病斑部位常形成裂果，容易脱落。

2. 发生规律 此病的发生需要适温和高湿条件。病原菌在11℃～30℃可形成游动孢子囊，进入荔枝果。最适温度是22℃～

25℃。气温和湿度适合时,发病非常快。卵孢子在22℃~25℃和高湿度下,只需要5分钟便可入侵,24小时内可表现症状。超过28℃时,病害的发展就会受到抑制。在多雨或忽晴忽雨的夏季,发病最快且危害严重。通常枝繁叶茂、结果多的树发病较多。树冠较荫蔽的下部结果多,病害发生较早较重。土壤湿润、肥沃或施氮肥过多、植株生长繁茂、叶色浓绿的树,发病较多。目前,各产区主要栽种的荔枝品种均不抗此病,早、中熟品种发病较重,迟熟种发病较轻。一般将近成熟或成熟果实发病较重,未成熟的果实发病较轻。

3. 防治方法

(1)果园管理　科学建设果园的排灌系统,防止果园积水。结合修剪把病虫枝、弱枝、荫枝剪去,使树冠通风透光良好,同时把落地果、病枝清理出果园,防止病原孢子散发,减少越冬病原。

(2)做好冬、春防病　冬季清园时,可用30%氧氯化铜悬浮剂600倍液全树喷施1次;在3月底至4月初,气温回升,雨水增加时,可用30%氧氯化铜悬浮剂600倍液,或1%石灰等量式波尔多液全树喷施1次,也要喷施到树冠、树干和树盘下的地面,杀死越冬的病原菌。

(3)药剂防治　防治荔枝霜霉病,可于花蕾期、幼果期和果实成熟期喷药保护。注意不同类型和作用机制的药剂轮换使用,尽量延缓抗药性产生。可选用1%波尔多液(只宜在幼果期使用),或40%乙膦铝可湿性粉剂500倍液,或20%安克(烯酰吗啉)可湿性粉剂1 500~2 000倍液,或50%锐扑(氟吗啉+乙膦铝)可湿性粉剂500~800倍液,或72.2%普力克水剂600~800倍液,或72%克露可湿性粉剂600~800倍液。

(二)荔枝、龙眼炭疽病

本病是荔枝、龙眼生产中一种重要的真菌性病害。危害幼叶、花穗和果实,造成荔枝成熟期大量烂果和落果。

1. 田间诊断　叶片受害常从叶尖或叶缘开始，初时产生圆形或不规则形淡褐色小病斑，迅速向叶基部扩展为深褐色的大斑，斑面可呈明显或不明显的云纹，病健界限分明。在叶背形成许多初为褐色后变为黑色的小粒点，突破表皮，为病菌的分生孢子盘，湿度大时，溢出粉红色的黏液，为病菌的分生孢子团。严重时叶片干枯、脱落。花枝受害，花穗变褐色枯死。将近成熟或采后的果实受害，初为黄褐色的小斑，后变为圆形或不规则形褐斑，病部与健部分界不明显，后变质腐烂发酸。湿度大时，病部上产生许多红色黏液小粒点。

2. 发生规律　病菌主要以菌丝体在病部越冬，病害在13℃～30℃均可发生，最适宜温度为22℃～29℃，要求高湿。翌年春季，当环境条件适宜时，分生孢子靠风雨及昆虫传播，从嫩枝叶、幼果表面及伤口侵入到寄主体内。炭疽菌具有潜伏侵染特性，在环境条件有利于植株生长发育、树势健壮的情况下，病菌可处于潜伏状态，不易表现发病症状。但当树势衰弱、抵抗力下降时，容易诱发病害。荔枝品种中，桂味、糯米糍、淮枝等品种易感病，而三月红、黑叶和水东等品种发病较轻。

3. 防治方法　加强栽培管理，增施有机肥和磷、钾肥，实行配方施肥，避免偏施氮肥，增强树势，提高抗病能力；果园及时排除积水；冬季清园，修剪并烧毁病枯枝、落叶、落果；清园后喷1次0.5～0.8波美度的石硫合剂，或40%猛龙（多菌灵＋硫黄）悬浮剂500倍液。在嫩梢抽出后、叶片初展时、花穗期、幼果期，每隔7～10天喷药1次，连喷2～3次，大雨后加喷1次。4～5月份可结合防虫混合喷药。可选用70%甲基硫菌灵或50%多菌灵可湿性粉剂1 000倍液，或75%百菌清500～1 000倍液，或40%猛龙（多菌灵＋硫黄）悬浮剂400倍液，或25%使百克或施保克乳油800～1 000倍液，或50%使百功或施保功（咪鲜胺锰盐）可湿性粉剂2 000～2 500倍液，或45%代森铵水剂500～600倍液，或77%可杀得(氢氧化铜)可湿性粉剂 400～600 倍液。

(三)荔枝、龙眼酸腐病

荔枝酸腐病是危害果实的一种常见真菌性病害,引起果实腐烂变质。

1. 田间诊断 病菌多从成熟果实受蒂蛀虫、椿象等危害而致的伤口处发生,果蒂部首先发病。病部初呈褐色,后逐渐变为近圆形或不定形的暗褐色病斑并迅速扩大,直至全果变褐腐烂。病果外壳硬化,暗褐色;内部果肉腐烂,有酸臭味并有酸水流出。潮湿时,病部长满白色霉状物(病菌的分生孢子),白霉紧贴果皮,细粉状。而霜疫病形成的白霉较细疏,似白霜。

2. 发生规律 病原菌在病部越冬,分生孢子可借风雨或昆虫传播,在贮藏运输过程中,通过病果与健果接触传染。病菌侵入到果肉吸取养分,并分泌酶分解熟果的薄壁组织,致使果肉腐烂。

3. 防治方法 加强栽培管理,在果实近熟期注意有效防治荔枝椿象及果蛀蒂虫等。在田间管理、采收、储运时,要避免损伤果实和果蒂。采果前喷 70％甲基托布津可湿性粉剂＋75％百菌清可湿性粉剂 1 000～1 500 倍液,或 30％氧氯化铜悬浮剂 600～800 倍液,或 25％使百克或施保克乳油 800～1 000 倍液,或 50％使百功或施保功可湿性粉剂 2 000～2 500 倍液;采收后用双胍盐 500～700 倍液或 75％抑霉唑乳油 1 000～1 500 倍液＋0.02％ 2,4-D 溶液浸果 1～2 分钟,对防治酸腐病有较好的防治效果。

(四)荔枝、龙眼鬼帚病

本病是一种病毒病,主要危害龙眼春梢与花穗,荔枝上也有发生。在福建危害较严重,发病枝梢的花穗不能结实,造成枝梢枯死,严重影响树势及产量。

1. 田间诊断　嫩梢受害,幼叶变狭小,呈淡绿色,叶缘卷曲不能展开,严重的全叶卷曲成线状。大叶呈波浪状,小叶叶柄常扁化变宽,叶片凹凸不平,叶缘向叶背卷曲皱缩,叶脉淡黄绿色,呈明脉现象,脉间出现不规则黄绿色斑驳。发病严重时,畸形叶全部脱落。这些秃枝节间短,所生的侧枝节间也短,成为一丛无叶的枝群,由此得名。花穗受害,节间也缩短,致使整个花穗丛生成簇状,花蕾多且密集在一起并畸形膨大,但发育不正常,多数不开花结果,病穗干枯后不易脱落,常悬挂在枝梢上。

2. 发生规律　此病主要通过嫁接传播。用2年生砧木嫁接病枝,经7～8个月就可发病。远距离传播主要靠带病苗木、接穗的调运。自然传病的介体昆虫是荔枝椿象、龙眼角颊木虱和橄榄星室木虱等。荔枝椿象三龄以上的若虫才能传病,成虫寿命长,活动范围广,其传病范围和传病时期均超过若虫,成虫和若虫每年6～11月份均能传播此病。管理粗放、荔枝椿象、木虱发生严重、树势衰弱的果园容易发病。

3. 防治方法　实行检疫,严禁从病区调入苗木、接穗和带病种子等繁殖材料,防止此病传入无病区。新区及新建果园如发现病株,应及早挖除烧毁。培育无病苗木,从无病母树上采种培育砧木,从无病、品质优良的母株上剪取接穗嫁接育苗。加强栽培管理,施足有机肥,适当增施磷、钾肥,使树体生长健壮,提高抗病力。发病轻的树,及早剪除病梢、病穗,对阻滞病害发展、延长结果年限有一定的作用。加强防治传毒害虫,嫩梢期及时喷药,防治荔枝椿象和角颊木虱,减少传病途径。

(五)荔枝、龙眼叶斑病

荔枝、龙眼上常见的叶斑病有灰斑病、叶点霉灰枯病、壳二孢叶斑病、叶尖焦枯病等。在荔枝、龙眼产区均有发生,严重的可导致落叶,使树势衰退,影响产量和品质。

1. 田间诊断

(1)灰斑病　病斑多从叶尖开始发生,后向叶缘扩展。病斑圆形或椭圆形,深褐色,后逐渐扩大或若干个小斑连合成不规则的大病斑,后期病斑变为灰白色,在病斑上密生小黑点。

(2)叶点霉灰枯病　初期叶面产生针头大小的圆形褐色斑,扩大后变为灰白色,边缘褐色,病斑上生有数个黑色小粒点,叶背病斑灰褐色,边缘不明显,病斑周围有时出现黄晕。

(3)壳二孢叶斑病　初期产生圆形、椭圆形或不规则褐色小斑点,病斑中央灰白色或淡褐色,边缘暗褐色,后期病斑常融合成不规则大病斑,蔓延至叶基,引起落叶。

2. 发生规律　以病菌的分生孢子器、分生孢子盘及菌丝体在病叶或落叶上越冬,翌年春季当气候条件适宜时,在病部上产生大量分生孢子,由风雨传播到新梢上,萌发并侵入。栽种及管理粗放,果园排水不良,郁闭、潮湿情况下叶斑病发生较重。

3. 防治方法　加强栽培管理,增施有机肥,增强树势,提高植株抗病能力。对衰老果园要及时更新修剪,剪除病虫枝、弱枝,集中烧毁,增强果园通风透光,改造果园环境,使之不适宜病菌生长。对有病史的果园,要经常检查病害发生情况,及时在病害初期喷药防治。可选用30%氧氯化铜悬浮剂600倍液,或77%可杀得可湿性粉剂400～600倍液,或50%多菌灵可湿性粉剂800倍液,或70%甲基硫菌灵可湿性粉剂800倍液,或70%代森锰锌可湿性粉剂500～600倍液,或75%百菌清可湿性粉剂1 000倍液,或25%使百克或施保克(咪鲜胺)乳油800～1 000倍液,或50%使百功或施保功可湿性粉剂1 500倍液等。

(六)荔枝、龙眼煤烟病

该病是荔枝龙眼产区老果园普遍发生的一种真菌性病害,主要危害老叶,也可危害枝条。病叶被煤烟状霉层所覆盖变为黑色,影响光合作用，导致树势衰弱，花少果少，产量下降。

1. 田间诊断　果树的叶片、枝梢和果实受害后，其表面产生一层暗褐色至黑褐色霉层，以后霉层增厚成为煤烟状。有时霉层边缘翘起或成片脱落，剥离后叶表面仍为绿色。后期霉层上散生许多黑色小粒点或刚毛状突起。严重受害时，植株叶片卷缩、褪绿，甚至脱落。

2. 发生规律　病菌以菌丝体和子实体在病部越冬，翌年温、湿度适宜时，越冬病菌产生孢子，借风雨及昆虫活动而传播。由于多数煤烟菌以昆虫分泌的蜜露作为养料而生长繁殖，故其发生轻重与刺吸式口器害虫的发生关系密切。凡介壳虫、蚜虫、粉虱等发生严重的果园，煤烟病发生严重；花期的花蜜散布在叶片上可诱发煤烟病；荫蔽和潮湿的果园，树势衰弱的果园容易发生此病。

3. 防治方法　煤烟病的发生与害虫为害程度关系密切，故治虫防病为防治本病主要综合防治措施。有效治理害虫，抓住介壳虫、蚜虫、粉虱等刺吸式口器害虫的若虫期施药，可收到事半功倍之效。可选用40%好劳力乳油或48%乐斯本乳油1 000倍液，喷药控病。在煤烟病发生初期，及时喷施0.3%～0.5%石灰等量式波尔多液，或95%机油乳剂+50%多菌灵可湿性粉剂600～800倍液，或30%氧氯化铜悬浮剂600倍液，隔5～7天1次，连喷2～3次。加强栽培管理。合理修剪，改善果园通风透光条件；合理科学施肥，增强树势。

(七)荔枝、龙眼藻斑病

荔枝、龙眼藻斑病是常见的一种由寄生藻危害引起的病害。病斑可布满叶片，影响光合作用，使树势衰弱。在老龄的荔枝树上发生尤为普遍。

1. 田间诊断　主要危害老叶和成叶，很少危害嫩叶。叶片受害，先产生白色至黄褐色、针头大小的圆形或不规则形小斑，并以此为中心,向四周扩展,呈放射状、近圆形或不规则形黑褐色斑点。病斑稍隆起,斑上有时长有灰绿色或黄褐色毛绒状物,边缘不整齐。嫩叶受害时,在叶片上密生褐色小斑,叶片生长受到抑制而变小。老叶正反两面都可出现病斑,但以正面为主。

2. 发生规律 红锈藻以营养体在寄主病组织中越冬。翌年5~6月份,在高温潮湿的气候条件下产生孢囊梗及孢子囊。成熟的孢子囊易脱落,借风雨传播,侵入寄主内,在表皮细胞和角质层之间生长蔓延,伸出叶面。病部散出的孢子囊和游动孢子,进行再次侵染,使病害扩大蔓延。温暖高湿的气候条件,适宜于孢子囊的产生和传播。在降雨频繁、雨量充沛的季节、长势衰弱的老树及树冠下部的老叶、枝叶荫蔽、通风透光差的果园常易受害。

3. 防治方法 加强果园管理,及时松土施肥,排除积水,合理修剪,使树体既健壮且有良好通风透光。发病初期以及清园后,可喷1%波尔多液,或0.5~1波美度石硫合剂,或30%氧氯化铜悬浮剂600倍液,或77%可杀得可湿性粉剂400~600倍液。

(八)蒂蛀虫

俗称蛀顶虫,是荔枝、龙眼产区普遍而严重的蛀果害虫。该虫以幼虫为害新梢嫩叶、花穗,在生理落果后幼果膨大期蛀害果核,造成大量落果,虫粪遗留果蒂内,导致果实品质严重下降。

1. 形态特征 成虫为小型细长的蛾子,体表灰黑色,腹面白色,触角丝状,比虫体长1倍;前翅灰黑色,狭长,静止时并拢于体背,左、右翅面有两条曲折的白色条纹,相接呈"爻"字状;后翅灰黑色,细长如剑,缘毛甚长,约为翅宽的4倍;前翅最末端的橙黄色区有3个银白色光泽斑,是与只为害幼叶但不蛀果的近缘种细尖蛾的区别特征。卵小,呈扁圆形,半透明、黄白色,单个散产于果壳龟裂片缝间,卵表面有不规则花纹。幼虫扁筒形,多足型,除3对胸足外,腹部第三、第四、第五节和第十腹节,各具足1对,第六腹节的腹足退化，这一特征是细蛾科幼虫与其他蛀果的鳞翅目多足型幼虫的主要区别。在果内取食的幼虫体色乳白，在梢叶取食的幼虫体色淡绿。蛹纺锤形，淡黄色，羽化前变灰黑色，化蛹于果穗附近叶面上、白色椭圆形、扁平薄膜状的丝质茧内，羽化后可见蛹衣半露于茧外。

2. 发生规律　该虫1年发生10～11代，有世代重叠现象，以幼虫在冬梢上越冬。成虫发生在3月底至7月中上旬，是为害荔枝、龙眼花果的重点时期。成虫于晚上羽化，喜在潮湿通风透气差的树上产卵。有明显的趋果性和趋嫩性。喜在幼果中下部，果实成熟前在近果蒂部龟裂处产卵，幼虫孵化后，直接从卵粒蛀入果实中，蛀食果核。一般先侵染早熟种，为害小果后，再转入中、迟熟品种上大量繁殖。早、中、迟熟品种同片种植，特别容易造成大发生。

3. 防治方法　做好果园管理，科学合理用肥。合理疏梢；在第二次生理落果后、果实成熟前20天、采收前10天喷药防治，可用40%好劳力或48%毒死蜱1 000倍液，或4.5%绿百事1 000倍液，或25%灭幼脲1000倍液等。

(九)荔枝椿象

是荔枝、龙眼产区发生为害最普遍的一种主要害虫。以成虫、若虫刺吸幼果果柄、花穗、嫩梢，被害部位变色、干枯，导致落花、落果、凋萎。该虫遇惊时射出臭液自卫，触到嫩叶、花果，可局部引起灼伤而枯焦，果壳变焦褐色，严重影响产量。

1. 形态特征　成虫体黄褐色，腹面覆有白色蜡粉，但越冬交尾后蜡粉残缺；雌成虫一般较雄虫体型略大，臭腺开口于胸部腹面中足基部侧后方。卵近圆形，淡绿色或淡黄色，卵14粒，两行排列于叶片背面。若虫有5龄，一龄体椭圆形，初孵时体色鲜红色，渐变深蓝，复眼深红色；二龄体为长方形，橙红色，外缘灰黑色，至第五龄体长至18～20毫米，体色较前各龄略浅，翅芽较长，将羽化时体被蜡粉,若虫有假死性,受惊扰时下坠。

2. 发生规律 荔枝椿象每年仅发生1代,以性未成熟的成虫在叶片叶背或树洞、石隙处越冬。翌年春季气温达16℃时开始活动。4月份为交配产卵盛期。卵多产于树冠下层叶背,平均每雌虫可产卵5～10次或更多,每次产卵大多为14粒,聚集排列成块。清明后若虫陆续孵化,6月以后,老熟若虫相继羽化为成虫。成虫平均寿命约310天。

3. 防治方法 抓住两个最关键用药适期。一是在3月中下旬,越冬成虫开始活动,即将产卵,抗药力最弱,而且此时有效杀灭成虫可显著降低虫口基数,有利于全年的防治。另一用药适期是在5月中下旬,此时卵已大量孵化,低龄若虫体表蜡质薄、角质化程度低,对药物较为敏感,用药防治效果较好。有效药剂有90%晶体敌百虫500～800倍液,或菊酯类农药(如绿百事、安绿宝、敌杀死、灭百可等)1 500～2 000倍液,每个用药适期防治1～2次。

(十)瘿 螨

分布于我国各荔枝产区。以成螨和若螨刺吸荔枝叶、幼梢、花穗、果实。叶片受害,出现凸起、扭曲畸形,产生灰白色绒毛,后渐变成黄褐色,状似“毛毡”。嫩梢受害,出现扭曲、畸形干枯;花穗受害,常全穗畸形干缩。幼果受害,出现畸形,长出绒毛,似小绒球,极易脱落。

1. 形态特征 成螨体极微小,一般肉眼不易见,蠕虫状,狭长,淡黄色至橙黄色,螯肢及须肢各一对,腹部渐细,腹部密生环纹,末端有长毛状伪足1对。卵圆球形,淡黄色,半透明,光滑。若螨似成螨、体略小,体色由灰白、半透明渐变成浅黄色,腹部环纹不明显。

2. 发生规律 荔枝瘿螨1年可发生10代以上,世代重叠,一年四季均有各螨态发生。以成螨或若螨在树冠内膛的晚秋梢或冬梢内越冬,翌年2月底至3月初,成螨开始活动。借助风雨、媒介昆虫、苗木调运或爬行等方式传播扩散,逐渐从被害叶片迁移到春梢和花穗上为害,4 月份开始大量繁殖,5～6 月份是全年为害盛期,以后各期嫩梢也受害。发生与消长受气象条件影响,高温、高湿和新梢抽发较多等条件下,螨口密度较高。幼树的嫩梢、花穗期和幼苗期受害严重,成年树受害较轻。瘿螨卵小,产于叶片绒毛基部,若螨、成螨均在绒毛间活动,树冠稠密,通风透光不良,采果后不修剪和不控冬梢的果园,发生为害较重。

3. 防治方法 结合修剪,除去瘿螨为害枝、荫枝、病弱枝,保证树冠适当通风透光,不利于瘿螨发生,并可显著减少虫源。控制冬梢,也能有效地减少虫源。果园套种藿香蓟可以保持果园生态平衡,改良天敌栖息繁衍环境,利用天敌控制瘿螨。于抽梢前或幼叶展开前施药防治,选用 25%倍乐霸(三唑锡)可湿性粉剂 1 000～1 500 倍液,或 73%克螨特乳油 1 500～2 000 倍液,或 57%炔螨特乳油 1 000～1 500 倍液,或 20%牵牛星(哒螨酮)可湿性粉剂 2 000～2 500 倍液喷施。

(十一)龙眼角颊木虱

龙眼角颊木虱是龙眼上一种分布广且常见的重要害虫。成虫刺吸嫩芽、嫩叶、花穗嫩茎的汁液;若虫于嫩叶背面固定吸食,受害点呈钉状向叶面突起,若虫匿居叶背凹穴中,受害叶片皱缩畸形并变黄,提早落叶,导致树势生长衰退,影响产量。该虫还能传播龙眼鬼帚病。

1. 形态特征 成虫背面黑色,腹面黄色,头短而宽,颊锥极发达,呈圆锥状向前方平伸,并疏生细毛;复眼灰褐色,单眼淡黄褐色。触角末端 2 节黑色,其余黄色,末节顶部有一对褐色的细刚毛,叉状,外长内短。足黄色,但前足胫端及跗节,中后足端跗节以及爪均为黑色。翅透明,前翅具显著的略呈“K”字形黑褐色条斑,腹部粗壮,锥形。卵长椭圆形,前端尖细并延伸成一长丝,成弧状弯曲,后端钝圆,腹面扁平,并具短柄突起,以固定在植物组织上;初产卵乳白色,近孵化时为褐色,可见两个红色眼点。初孵若虫体浅黄色,后变黄色,复眼鲜红色,体扁平,椭圆形,周缘有蜡丝;三龄若虫翅芽显露,四龄若虫前后翅芽重叠,体背面显现红褐色条纹。

2. 发生规律 龙眼角颊木虱1年发生3～7代,世代重叠,部分存在滞育。以若虫在钉状叶背的穴内越冬。翌年3月下旬开始活动,4月中旬成虫盛期,成虫白天羽化,取食时,腹端上翘,与寄主成45°角。卵多数散产于叶背,以叶脉两侧为多,当叶色转绿,则不在其上产卵。若虫一般午后孵化,在穴内固定吸食,不迁移,羽化前爬出蜕皮。若虫发生盛期总是与新梢抽发期紧密相连。若虫在树上的分布是外部叶片多于内部叶片,朝南面叶片多于朝西北面叶片;幼嫩、浓绿叶片多于老熟、色黄叶片。一年中,4月份以后虫口密度渐高,9月份以后减少,春、夏两季发生严重。

3. 防治方法 保护利用天敌。及时喷药防治,可选用80%敌敌畏乳油800倍液,或40%好劳力乳油1 000倍液,或20%好年冬乳油1 000～1 500倍液,或25%扑虱灵1 000倍液,或10%安绿宝(氯氰菊酯)乳油2 000倍液,或10%吡虫啉2 000倍液。

二、香蕉主要病虫害及防治

(一)香蕉叶斑病

香蕉叶斑病是发生在蕉叶上的各种叶斑类病害的统称,常见的有褐缘灰斑病、煤纹病和灰纹病3种。主要危害叶片,造成植株早衰,降低产量。

1. 田间诊断

(1)褐缘灰斑病 又名尾孢菌叶斑病。病斑最初为点状褐斑,后扩展成长椭圆形至纺锤形,或数个病斑融合为不规则斑块。病斑边缘黑褐色，中部黄褐色、灰褐色至灰白色，外缘有黄色晕圈，通常叶缘发病较重，病斑由叶缘向中脉扩展。

(2)煤纹病 又名暗褐斑病或小窦氏霉叶斑病。多发生于叶缘。病斑暗褐色，初呈椭圆形，后扩大并融合成不规则大斑块，有明显轮纹，其上仍可见原来各单个灰褐色至灰白色病斑，病斑表面产生灰褐色霉状物，病健部交界明显。

(3)灰纹病 又名灰斑病或双孢霉叶斑病。主要发生在叶片、叶鞘上，多从叶缘开始发生。初为椭圆形褐色小斑，呈水渍状，后扩展成长椭圆形大斑，斑中部灰褐色至灰色，外缘暗褐色，斑外缘有明显的橙黄色波浪形晕圈，斑面有轮纹，近边缘处的轮纹更为清晰，病部常生有灰褐色霉状物。叶鞘受害产生暗褐色斑，危害假茎可使植株组织软化。

2. 发生规律 病菌均以菌丝体或分生孢子在田间病残体病部上存活越冬，翌年在适宜气候条件下，产生分生孢子借风雨传播，初侵染致病；病部产生的分生孢子进行再侵染。温暖多湿的季节和果园通风透气性差均有利于发病。3 月份气候温暖潮湿，叶斑病开始发生，6～7 月份，高温高湿，病害盛发，9 月份如遇台风雨，病害发生加重。偏施、过施氮肥均易诱发病害。香蕉较其他蕉类易感病。

3. 防治方法 选种抗病品种(如威廉斯 B6)；种植无病蕉苗；及时清除蕉园的植株病残体，集中烧毁。加强肥水管理，保证蕉园排灌系统完好与畅通；合理施肥，注意各元素肥料的合理配比，增施腐熟有机肥。在苗期和抽蕾期及时施药防病。在初期喷 80％新万生或代森锰锌可湿性粉剂 600～800 倍液防病；田间刚出现病斑时，可选用 70％甲基托布津可湿性粉剂 600～800 倍液，或 25％多菌灵可湿性粉剂 600～800 倍液，或 12.5％腈菌唑乳油 1 500 倍液，或 25％富力库(戊唑醇)乳油 1 000 倍液，或 25％必扑尔或敌力脱乳油 1 000 倍液对叶面喷雾，注意喷匀喷足，上述药剂轮换交替使用,每隔15天喷1次,可收到较好防效。

(二)香蕉黑星病

香蕉黑星病又名黑痣病、黑斑病。在香蕉产区分布相当普遍的一种真菌性病害。此病可使叶功能衰退,果实外观受损,影响品质。

1. 田间诊断 本病主要侵害叶片和青果。危害叶片时,在叶片及中脉产生许多散生或群生小黑粒,小黑粒周围淡黄色,病情随叶龄的增加而加重,严重时导致整张叶片变黄而凋萎。侵染蕉果,多发生于果弯背处,在青果表面形成黑色突起的小斑点,斑点上聚生黑色小粒(病原菌分生孢子)。小斑点扩大变成椭圆形或圆形的褐色或黑色病斑,果成熟时病斑周围淡褐色,中央的组织腐烂下陷,常不能均匀黄熟。

2. 发生规律 本病菌以菌丝体或分生孢子在病叶、病果或病残体上越冬。翌年春季,分生孢子器中产生大量的分生孢子,由雨水传到叶片和蕉果上,萌发芽管侵入,以后在病部产生分生孢子,再经雨水、露水传播危害。在潮湿温暖季节潜育期约为20天,在冷凉干燥季节约为60天。苗期较抗病,挂果后期果实最易感病,高温多雨季节病害易流行。香蕉易感病,粉蕉和大蕉极少发病。

3. 防治方法 种植抗病品种。加强蕉园管理,冬、春季及时清除病残体并烧毁,减少初侵染源;不偏施氮肥,增施有机肥和钾肥;注意及时排除蕉园积水;抽蕾挂果期,用纸袋或塑料袋套果,减少病菌侵入,保护果实。及时喷药防治,可选用75%百菌清可湿性粉剂800～1 000倍液,或80%新万生或代森锰锌可湿性粉剂600～800倍液,或42%代森锰锌悬浮剂600～800倍液,或25%施保克或咪鲜胺乳油800～1 000倍液。

(三)香蕉花叶心腐病

香蕉花叶心腐病又名花叶病、心腐病，是香蕉生产中一种普遍发生的病毒性重要病害，近年有逐渐加重的趋势。尤其是推广种植组培苗时，病毒随组培蕉苗传播范围更广。

1. 田间诊断　蕉苗和大田植株都可感染发病，属全株性病害。病株叶片出现褪绿黄色不连续条纹或纺锤形斑，呈典型花叶斑驳状，尤以近顶部1～2片叶最明显，叶脉稍肿凸。随着叶片老熟，条纹或圈斑渐变为黄褐色至紫黑色，最后成为坏死枯纹或枯斑，导致心叶黄化、腐烂，叶缘有时卷曲或皱缩。病株通常弱小矮化，多数不能抽蕾，即使抽蕾，其果实也不能正常生长发育。病株假茎呈现水渍状病痕，以后变黑褐色并坏死、腐烂，假茎纵切面可见病部呈长条状，横切面则呈环状斑块，腐烂病部有时可延至球茎处。病株地下球茎抽出的吸芽多数也发病。

2. 发生规律　该病毒的寄主范围很广，其初侵染源主要是病株及其吸芽或感病的杂草。自然传播媒介主要为蚜虫，在温暖干旱年份、蚜虫发生量大，花叶心腐病通常发生较严重，汁液接触也可传病。组织培养并不能清除病毒，因此试管组培苗就极大可能成为该病传播扩散的重要途径。

3. 防治方法　严禁从病区调运蕉苗。种植无病吸芽或组织培养苗。发现病株应立即连地下球茎一起挖除，清除病原。杜绝在蕉园间种或园边种植寄主作物，清除蕉园附近杂草。喷药防治蚜虫，可用40%乐果乳油800～1 000倍液，或50%抗蚜威可湿性粉剂1 500～2 000倍液，或20%好年冬乳油1 000～2 000倍液，或15%金好年1 000～1 500倍液，对叶面喷雾。

(四)香蕉束顶病

香蕉束顶病又称萎缩病，是香蕉生产中最重要的病毒病害之一。感病植株矮缩,不能开花抽蕾结实。若现蕾期感病,则果少而小。

1. 田间诊断 整个生长期均可感病。蕉苗或植株受香蕉束顶病毒侵染后,最初在新叶上表现症状。新叶较正常叶片窄小,并稍向上卷曲,叶片与叶鞘交界处出现淡绿色小斑块,逐渐扩展成与叶脉平行的淡绿和深绿相间的短线状条纹,越新长出的叶片,越短而窄小,植株矮缩,顶端数张叶片紧束在一起成束状。病叶比正常叶硬而脆、容易折断。病株分蘖多,常表现丛生。根尖变为红紫色、无光泽,根系腐烂或变紫色,难萌发新根,最后枯死。病株一般不抽蕾,即使抽蕾,蕉果也畸形变小,不能正常发育。

2. 发生规律 病原是香蕉束顶病毒,初侵染源主要是病株及其吸芽,主要靠香蕉交脉蚜的连续吸食传播。病毒的潜育期与植株的生长状况及气候因素有关,蕉株感染病毒后,1~3个月内即可显症。香蕉交脉蚜发生量越大,本病发生越严重。发病高峰期一般在4~5月份和9~10月份。不同的香蕉品种抗病性差异显著,矮把香蕉抗病性差于过山蕉(龙牙蕉、沙蕉、糯米蕉)、粉蕉和大蕉。

3. 防治方法 加强蕉园管理,杀灭蕉园附近杂草,创造不利于蚜虫滋生的环境。加强检疫,严禁调运带病苗木,要种植无病组培苗或无病蕉园的吸芽苗。发现病株后,应及时喷药杀死病株及周围健株上的蕉蚜,连同蕉头和吸芽一起彻底挖除销毁,或用针筒将10%草甘膦注入离地面30~50厘米高的假茎内,每株注8~10毫升,杀死病株,病穴撒施石灰消毒。适时防治香蕉交脉蚜,可用90%晶体敌百虫1 000倍液,或25%吡虫啉可湿性粉剂3 000~4 000倍液,或50%抗蚜威可湿性粉剂1 500~2 000倍液,或20%好年冬乳油1 000~2 000倍液,或15%金好年1 000~1 500倍液叶面喷雾。

(五)香蕉根结线虫病

香蕉根结线虫病，随着香蕉组培苗的迅速发展和香蕉复种指数不断增加而日趋普遍。

1. 田间诊断　香蕉根结线虫常见于砂壤土或疏松的红壤上。主要危害根部，受害部局部因韧皮组织坏死、木质部膨大，导管阻塞，而肿胀形成大小不等的根瘤(根结)，初为白色，后变为黄褐色，须根少，表面粗糙，严重时多个瘤再结成大瘤，使根系丧失吸收功能。受害株地上部分表现为叶尖及下部叶片发黄或干枯无光泽，植株矮小，生长缓慢，似缺水缺肥状。抽蕾困难，果实瘦小，植株早衰。水肥管理好的蕉园，香蕉地上部症状不明显。

2. 发生规律　根结线虫，主要以卵、二龄幼虫及雌虫在土壤和病根内越冬，以二龄幼虫侵染香蕉嫩根，主要通过土壤、灌溉水、带病苗、吸芽或人为传播。该病的发生发展与土壤质地、温湿度、前作、香蕉生长期和果园的栽培管理水平有很大关系，一般在砂壤土和土质疏松干旱的地块，温度在 25℃～30℃，土壤湿度在40%～60%，苗期蕉园管理粗放，植株长势弱时易发病。

3. 防治方法　禁用病土做营养土。加强水肥管理使根系生长旺盛；水旱轮作。大田期发病可每株施 10%克线丹颗粒剂 40 克，或 10%福气多颗粒剂 50 克，或 3%辛硫磷颗粒剂 60 克进行防治。施药时，将蕉株假茎周围 1 米直径内、约 3 厘米深的表土拨开，将药剂均匀地撒入并覆盖细土。如天气干旱，施药后要淋水。每 3 个月施药 1 次，施药次数视线虫密度而定。育苗土应按每平方米泥土拌入 8～10 克上述杀线虫剂后再栽苗。

(六)香蕉镰刀菌枯萎病

香蕉镰刀菌枯萎病又名香蕉巴拿马病、黄叶病，是由镰刀菌引起的一种典型的维管束病害。多危害粉蕉、龙牙蕉和粉大蕉，近年来危害香蕉也呈加重趋势。

1. 田间诊断 本病属维管束病害,病株下部叶片先呈特异的黄化,然后逐渐向上部叶片发展,叶片由叶缘向中脉变黄,有些黄化比较均匀,有些黄色部分与叶片深绿色部分形成鲜明对比,叶鞘维管束也随之失绿,病叶色泽由鲜黄色变为暗黄色,叶柄基部软折凋萎、倒垂,由黄色变为褐色而干枯倒挂在病株上,严重时全株枯死。假茎基部近地面处开裂,向内部扩展至心叶,并向上扩展,裂口褐色干腐。纵剖假茎,维管束呈黄色至褐色斑点状或线状病变,后贯穿条纹状或块状,横剖可见褐色斑点或斑块。感病植株一般前期生长正常,直到中后期才表现症状。后期感病植株虽可抽蕾,但果实不能正常发育,叶片、假茎相继枯死,球茎可抽生新吸芽,但绝大多数带病。

2. 发生规律 本病菌是土壤习居菌,病株枯死后,病菌随病残株在土壤中营腐生生活,可存活多年。病菌侵染蕉株的根部或球茎引起发病。带病植株及吸芽、病株周围的病土都是本病的初侵染源。苗木、灌溉水、土壤和农具等均可传播病菌。土壤黏重、酸性较大、湿度大、排水不良及根系损伤等,均有利于该病发生。蕉园有明显的发病中心。一般 5～6 月份雨季感染,10～11 月份为发病高峰期。

3. 防治方法 选择抗病品种,禁止种植带病吸芽或种苗,选择无病新区种植。发现病株要及时处理。加强蕉园管理,注意及时排除积水,科学施肥,多施木薯渣、草菇渣、甘蔗渣、石灰等改良土壤,使之不利于病菌繁衍。粉蕉连片种植时易发生此病,可在大面积香蕉园中小面积栽种。发病率高于 20%的蕉园应考虑改植抗病性强的香蕉、大蕉或其他经济作物,或与水稻轮作 2 年以上。可用 2%福尔马林溶液对土壤消毒,在发病初期灌根。发现零星病株时,可用 77%可杀得可湿性粉剂 500～600 倍液,或 23%络氨铜悬浮剂 500 倍液,或 71%爱力杀(异菌脲＋百菌清)可湿性粉剂

600 倍液灌根，每株 600～1 000 毫升，每隔 5～7 天 1 次，连施 2～3 次。

（七）香蕉炭疽病

香蕉炭疽病又名果熟腐烂病，是香蕉贮运过程中的重要真菌性病害，主要危害成熟果或将近成熟的青果，也会危害蕉花、叶、假茎、球茎等部位。

1. 田间诊断　被害果实常在近果端部分发病，初出现黑色或黑褐色小圆斑，后迅速扩大，或几个病斑相互融合成不规则大斑，果实常在 2～3 天内变黑，病部组织常凹陷，果肉腐烂。高温、高湿时，后期在病部长出无数朱红色黏质小点粒（病菌的分生孢子盘及分生孢子），干燥天气，病部凹陷干缩。危害果梗和果轴，受害症状相同。叶片受害，产生长椭圆形或不规则形褐色病斑，大小不等，病健交界不明显，生长后期病斑上布满小黑点（分生孢子盘）。

2. 发生规律　病菌以菌丝体及分生孢子盘在香蕉病残体上越冬。病菌生长最适温度为 25℃～30℃，果实病害发展最适温度约为 32℃。在合适条件下，产生大量分生孢子，借风雨传播至果指末端残存的花器及幼果上，萌发芽管侵入果皮内形成潜伏侵染。直到果实将近成熟，果皮转黄，果内糖分升高时，迅速繁殖扩展，出现病斑，并形成大量分生孢子，不断侵染。喜高温高湿，在多雨雾重潮湿的条件下，或贮运期气温高、湿度大时发病严重，潜育期较短，病斑往往迅速扩展，并造成果实变黑、腐烂，不堪食用。香蕉类最易感病，其他蕉类较抗病。

3. 防治方法　及时喷药保护，结果初期结合预防黑星病开始喷药保护，着重喷果实及附近叶片，每隔 7～10 天喷药 1 次，连喷 3～4 次。药剂可选用 50％多菌灵可湿性粉剂 500 倍与农用高脂膜水乳剂 200 倍混合液，或 1∶0.35∶100 波尔多液，或 25％施保克或使百克（咪鲜胺）乳油 1 000～1 500 倍液，或 40％多硫悬浮剂

500～800 倍液。

要适时采果,宜在果实成熟度达七成半至八成时采收,过熟容易感病。选择晴天采果,采收和贮运操作时要尽量避免果实机械损伤。浸果消毒保鲜,采果后用药液浸果约 30 秒,有效药剂可选用 45%特克多悬浮剂 450～600 倍液,或 25%施保克乳油 1 000～1 500 倍液,或 45%施保克浓乳剂 1 000～2 000 倍液,或 50%扑海因悬浮剂 1 000～1 500 倍液。

(八)黄斑蕉弄蝶

香蕉弄蝶又名芭蕉卷叶虫、蕉苞虫,幼虫吐丝卷叶成叶苞,取食蕉叶为害,常将叶片吃光,是蕉园的重要害虫。

1. 形态特征 成虫黑褐色或茶褐色,头、胸部密被黄色或灰褐色鳞毛;触角黑褐色,球杆状,近膨大部呈黄白色;前翅黄褐色,中部有 3 个近方形的黄色斑块,呈三角形排列,靠外缘一个较小,后翅黄褐色或茶褐色、无斑纹。卵扁球形,初为黄白色,后变为浅红色或灰黑色,表面有放射线纹。老熟幼虫头部棕黑色略呈三角形,体被白粉,粉白色略带黄绿色;胴部前后收缢,中部肥大,各节背面都有 5～6 条横皱纹,腹足 4 对,尾足 1 对,均有细小环形排列的趾钩。蛹黄白色,被白粉,口吻长,可达到或超过腹末,腹末具带钩臀棘。

2. 发生规律 每年发生 5～6 代,以幼虫在蕉叶卷苞中越冬。越冬幼虫于翌年 2 月上中旬或 3 月中下旬化蛹,3 月中旬至 4 月上中旬成虫羽化,以 4 月中下旬羽化较盛。世代重叠,4～5 月份间,各个虫态均可见。成虫多在 5～8 时羽化,2～3 个小时后即可起飞,喜在清晨和傍晚活动,吸食蕉花蜜,交尾和产卵,雌成虫通常交尾 2～4 次,卵产于叶面或叶背,散产或聚产成块,每雌一生可产卵 80～150 粒。幼虫孵化后分散到叶缘取食,吐丝卷叶成苞,边食边卷逐渐加大虫苞,三龄后如食料缺乏,则转苞为害,但仍在原叶上。幼虫喜取食叶片薄、质地软、汁液少的品种，如西贡蕉。由于虫体大，食量大，平均一条幼虫一生要食去 0.4 平方米的蕉叶，80％为五龄时所食。多条幼虫为害便可将整棵植株的叶片吃光。

3. 防治方法 捕杀成虫，摘除虫苞或打烂虫苞，杀死幼虫。掌握幼虫低龄期用药喷杀，可用 90％敌百虫晶体 800～1 000 倍液，或 80％敌敌畏乳油 800～1 000 倍液，或 40％速灭杀丁 4 000 倍液，进行叶面喷雾。

(九)蕉黑带象甲

蕉黑带象甲是香蕉的重要害虫之一，主要以幼虫蛀食蕉株假茎，使蕉茎中虫道纵横交错，导致假茎腐烂，枯叶多，结果少，蕉果细，树势衰弱，甚至整株折倒枯死。

1. 形态特征 成虫赭红色或红棕色，体表光亮，具细刻点。前胸背面具两条前端稍窄的黑色纵带，鞘翅接合缝黑色呈一纵带，头部延伸成管状，末端内藏咀嚼式口器，触角膝状。卵长椭圆形，黄白色，表面光滑。老熟幼虫黄白色，头赤褐色，体肥胖，体表多横皱，无足。前胸背板隆拱，前缘有 6 个瘤突，各生刺毛 1 根，各足腿节端生有刺毛 1 根，腹背 1～6 节中间各有小疣突 1 列，腹末有疣突 8 个。蛹初为乳白色，后变为黄褐色或红褐色，管状头可达中足胫节末端。

2. 发生规律 1 年发生 4～5 代，世代重叠，以幼虫在假茎内越冬，无明显休眠现象，翌年春暖时羽化为成虫。自 3 月初到 10 月底，发生数量较多。成虫畏光，有群集性，栖息于受害蕉茎最外 1～2 层干枯或腐烂叶鞘内，具假死性，耐饥饿能力强，停食十余周仍可存活，晚上交尾和产卵，卵散产于叶鞘表层的胞间道中，每格 1～2 粒，产卵处表面有水渍状的褐色斑点和少量胶质物外溢。幼虫孵化后，蛀食假茎成纵横交错蛀道。初孵幼虫在外层叶鞘取食幼嫩组织，老熟幼虫在比较坚韧的外层叶鞘内咬食纤维，并吐胶质物将其缀成1个坚实的茧,然后在茧内化蛹。

3. 防治方法 结合清园,清除带有虫卵的残株。抓住幼虫发生较多的时期,每年12月至翌年4月份,选用80%敌敌畏乳油1 000倍液,或40%毒死蜱乳油1 000倍液,或90%敌百虫晶体1 000～1 500倍液,灌注蕉茎上部叶片的叶柄。

(十)香蕉冠网蝽

香蕉冠网蝽又名香蕉网蝽、军配虫,是香蕉的重要害虫之一,成虫和若虫群栖于香蕉叶片背面,取食为害,造成叶片早衰、枯萎。特别是老蕉园受害严重。

1. 形态特征 成虫体形扁平,羽化时银白色,渐变成灰褐色;头小,棕褐色;复眼大而突出,黑褐色;前胸背板半透明,具黑色网状纹,背板两侧呈翼状扩展并向上翘起;胸部腹板的中部两侧隆起,中央成槽状。前翅长椭圆形,膜质透明,具网纹;后翅狭长,无网纹,有毛。卵长椭圆形,稍弯曲,顶端有一卵圆形的灰褐色卵盖。若虫初孵时体光滑,体刺不明显、白色,后变深,复眼淡红色;五龄若虫头部黑褐色,复眼紫红色,前胸背板盖及头部,两侧缘稍突出,翅芽基部及末端有一黑色横斑,网纹不明显。

2. 发生规律 每年发生6～7代,有世代重叠现象,无明显的越冬休眠现象。成虫于4、5月份间开始出现,成虫和若虫喜群栖于香蕉叶片背面刺吸汁液为害,被害部出现许多黑褐色小斑点,并常附着许多若虫蜕落的皮壳,而在叶片正面出现花白色斑点,叶片早衰枯萎。产卵于叶背的叶肉组织内,常集中成堆,并分泌有紫色胶状物覆盖保护。一般秋季发生较多,旱季为害较严重。

3. 防治方法 在若虫盛发期喷药杀虫。可选用50%敌敌畏乳剂1 500倍液,或40%乐果乳剂1 000倍液,或90%晶体敌百虫1 000倍液,或40%毒死蜱乳油1 000～1 500倍液,或10%氯氰菊酯乳油2 000倍液,或2.5%敌杀死乳油2 000～4 000倍液。

三、杧果主要病虫害及防治

(一)杧果炭疽病

杧果炭疽病，是杧果生产中发生最普遍、危害最大的一种病害。各杧果种植区均有发生。

1. 田间诊断　本病危害幼苗和成株的嫩叶、嫩梢、花序和幼果。染病嫩叶最初产生黑褐色圆形、多角形或不规则形小斑，病斑周围有黄晕，小斑扩大或多个小斑连合形成大的枯死斑，病斑常破裂和穿孔。重病叶片皱缩、扭曲、畸形，最后干枯脱落，留下无叶的秃枝。嫩梢受侵染后出现淡黑色略下陷病斑，以后发展成灰褐色斑块。病斑扩展环缢枝条时，可使病部以上的枝条枯死。花序染病，在花梗上初现褐色或黑褐色小斑，多个小斑融合成不规则形大斑，小花受侵染后花瓣变黑褐、腐烂，常引起大量小花凋萎变黑脱落。幼果受害后皱缩、变黑而脱落。有的只产生针尖大的小斑，不立即表现症状，病菌潜伏在果皮内，在果实采收前或采收后才陆续出现症状，果实外部出现近圆形黑色小斑点，最后导致全果发黑腐烂。在潮湿的情况下，病部长出许多初为橘红色黏稠状物，后转为黑褐色的小粒点，此即病菌的分生孢子盘。

2. 发生规律　病菌以菌丝体或分生孢子盘在受侵染的病残体上越冬。翌年春季，越冬的病菌产生分生孢子，通过风雨或昆虫传播初侵染。生长季可以不断产生新的分生孢子多次再侵染。20℃～30℃的气温及高湿条件最适本病发生。春季杧果嫩梢期、开花期至幼果期，气温适宜炭疽病的发生，如遇多雨、雾重、闷热潮湿的天气，发生更重。不同品种的杧果对炭疽病的抗病力有一定差异。

3. 防治方法　选种抗病或耐病品种。做好果园管理工作，创造不利于病菌滋生的环境。根据杧果树的物候期及天气情况，及时喷药预防,可选用1%等量式波尔多液,或80%新万生或代森锰锌400~600倍液,或25%施保克或使百克乳油750~1 000倍液,或75%百菌清可湿性粉剂500~800倍液进行叶面喷雾,在花蕾期每10天喷1次,连续2~3次,小果期每月喷1次,抽梢期自芽萌动伸长时起,每7~10天喷1次,连续2~3次。

(二)杧果白粉病

杧果白粉病,是杧果花期的一种重要真菌性病害,危害花序、幼果及嫩叶。

1. 田间诊断 杧果的花序、幼果、嫩叶和枝梢上均有发生。发病初期幼嫩组织表面出现少量分散的白粉状小斑块,病斑扩大融合形成一层白色粉状物。受害嫩叶常扭曲或畸形,病组织变为棕褐色,病部略隆起。花序受害后花朵停止开放,花梗不再伸展,2~3天后花蕾变黑、枯萎脱落,后期病部出现黑色小点(病菌的子囊壳)。严重时引起大量落叶、落花和落果。

2. 发生规律 病菌以菌丝体或粉孢子在寄主的叶片、枝条或脱落的病残体中越冬,其存活期可达2~3年。翌年病组织上产生大量分生孢子随风扩散,侵染寄主上的幼嫩组织。该病再侵染频繁。在20℃~25℃时易发生流行。2~4月份如遇连续阴雨或大雾,夜间温度较低,本病常发生流行。

3. 防治方法 在抽蕾期和开花期各喷药1次防病,有效药剂有:20%粉锈宁可湿性粉剂1 000~1 500倍液,或50%硫黄胶悬剂350~500倍液,或12.5%敌力康可湿性粉剂1 500~2 000倍液进行叶面喷雾,每10~15天喷1次,共喷2~3次。

(三)杧果疮痂病

1. 田间诊断 杧果疮痂病,是杧果生产中的一种重要真菌性病害。危害杧果幼嫩多汁的叶片、小枝、花序和果实。被害患部产生木栓化粗糙隆起的疮痂斑。嫩叶染病后多从下表皮开始出现淡褐色至棕褐色、近圆形的病斑，叶片发生扭曲、畸形，严重时嫩叶脱落。较老叶片受害，叶背产生稍隆起的病斑，稍大，灰褐色，中央白色至灰色，隆起部分中央稍裂开，后期病部脱落形成穿孔。被害枝梢产生稍微凹陷的椭圆形或不规则形灰色病斑，开裂或造成枯梢。幼果染病，产生灰色至褐色木栓化稍隆起小病斑，后病斑密生并连结成斑块，病斑边缘不规则，中央组织粗糙，呈星状裂开，潮湿时在病斑上产生灰色至褐色绒毛状的分生孢子堆。病果易脱落。

2. 发生规律　病原菌以菌丝体和分生孢子盘在患病组织内越冬。翌年春天产生分生孢子，借风雨传播、进行初侵染与再侵染。主要通过带病种苗远距离传播。温暖多雨时病害重。苗圃种苗比生产果园发病重。品种间抗病性有差异，本地土杧、紫花杧、桂香杧和串杧较感病，红象牙品种发病较轻。

3. 防治方法　严格检疫，避免病菌扩散。及时清除果园中的病枝、病叶并烧毁。在抽梢期及花穗期喷药，7～10 天喷 1 次，共喷 2～3 次。有效药剂有：70%代森锰锌可湿性粉剂 400～500 倍液，或 80%新万生或代森锰锌可湿性粉剂600～800 倍液，或 40%多·硫悬浮剂 600 倍液。

（四）杧果细菌性黑斑病

杧果细菌性黑斑病，在我国杧果产区均有发生，病菌侵染后，常引起落叶、落果，影响树势和产量。

1. 田间诊断　主要危害叶片、枝条和幼果。染病叶片上最初出现水渍状深绿色的小斑点，后逐渐扩展，但受叶脉限制而形成褐色至深褐色的多角形病斑，病斑周围有黄色晕圈，斑上常溢出菌脓，最后老病斑转为灰白色，有时干裂。嫩枝受侵染，病部明显褪绿并纵向开裂，裂缝渗出胶汁变成黑斑。果柄受害、组织坏死，引致落果。染病幼果上出现不规则暗绿色水渍状斑块，病斑中央凹陷、边缘隆起呈溃疡病状,后星状爆裂,天气潮湿时病部有菌脓溢出。严重时造成大量落叶和落果。

2. 发生规律 病原菌在受侵染的病叶、枝梢和病果等感病组织上越冬。在温、湿度适宜的条件下,病部溢出细菌脓,靠风雨或昆虫传播,病菌从伤口、自然孔口侵入到新生组织器官,引发病害,并不断再侵染。高温、多雨、潮湿的季节,特别是台风暴雨后,常发病严重。

3. 防治方法 做好清园工作,清除病枝残叶,集中烧毁。在嫩梢和幼果期,尤其在台风雨后要喷药保护。可选用1%波尔多液,或40%乙膦铝可湿性粉剂80～100倍液,或30%DT杀菌剂500倍液,或30%氧氯化铜悬浮剂500倍液,或53.8%可杀得悬浮剂800～1 000倍液,或200毫克/千克农用链霉素叶面均匀喷雾,每隔10～14天喷1次,连喷2～3次。

(五)杧果流胶病

杧果流胶病,是杧果枝干重要的真菌性病害,严重时可引起枝条、茎干枯死。

1. 田间诊断 主要危害枝条、茎干和幼果。病部出现条状溃疡,中部稍下陷,渗出树胶,初为白色、后为褐色,上生黑色小粒点,表皮组织变色、粗糙、开裂,严重时皮部、韧皮部、木质部变黑坏死,环枯后,病部以上枝叶枯死。病部下面有时会抽出新枝条,但长势差,叶片褪色。苗期分生孢子多数从嫁接口或截干口入侵,沿茎而下,韧皮部变黑,有黑褐色黏液。

2. 发生规律 病菌以菌丝体、子囊壳(内藏子囊孢子)及分生孢子在病株和病残体上越冬。气候条件适宜时,产生大量分生孢子,借风雨传播至寄主植株上,萌发芽管由伤口侵入寄主组织而致病,病部产生分生孢子进行再侵染。温暖多湿有利于病菌的繁殖传播侵染。地势低洼、通透性差的苗圃易发病。

3. 防治方法　尽量减少农事操作对果树的机械损伤，及时防治天牛，避免造成伤口。科学管理果园，及时清除病残体，减少病菌来源，排除积水，降低湿度。选择抗病品种做嫁接材料，从健壮母株选取芽条，嫁接工具要用75%酒精消毒，并保持接口部位干燥。病害出现后，及时剪除病枝梢。主干上的病斑，可用快刀割除直至健康组织，后用30%氧氯化铜原液或波尔多液涂敷伤口。花芽萌发后至采果前半个月，喷药剂保梢保果，选用80%新万生或代森锰锌可湿性粉剂600～800倍液，或77%氢氧化铜可湿性粉剂500～600倍液，或53.8%可杀得悬浮剂800～1 000倍液，或75%百菌清可湿性粉剂500～600倍液，或70%甲基托布津可湿性粉剂600～800倍液。

(六)杧果蒂腐病

杧果蒂腐病是杧果采后贮运过程中的主要真菌性病害，导致杧果腐烂，降低商品价值。

1. 田间诊断　通常在湿热条件下，先在果柄周围的蒂部开始发病。常见引起蒂腐病的有半知菌的3个种。症状表现分别为：一是发病初期蒂部出现暗褐色病变，无光泽，病健部交界明显，病部向果身扩展，变为深褐色或黑褐色，果肉组织软化，果皮开裂，流汁，有甜味，3～5天后全果变黑腐烂。二是发病初期果蒂出现暗黄褐色病变，水渍状，果皮皱缩，无液汁流出，后变成浅褐色至黄褐色，果肉腐烂。三是发病初期果蒂呈暗黄褐色病变，扩展速度较慢，转为深褐色，果实腐烂液化、流汁、有酸味。

2. 发生规律　病菌以菌丝体在寄主组织内越冬，在条件适宜时产生大量分生孢子，借风雨传播，由伤口侵入，在幼果内以菌丝体潜伏，在果实软熟时表现症状。在果实贮运期，则主要是靠病果与健果相互接触，由菌丝体传播。紫花杧、桂香杧、串杧、秋杧等品种较易感病。

3. 防治方法 及时清除果园内的枯枝病叶及落果。在果实采收及贮运过程中尽量减少机械损伤。在果实收获前,喷1%波尔多液,或25%施保克或使百克乳油1 000～1 500倍液。果实采收后,用52℃～54℃热水浸泡8～10分钟,后用25%施保克乳油1 000～1 500倍液,或45%施保克浓乳剂1 000～2 000倍液,或50%扑海因悬浮剂1 000～1 500倍液,浸果2分钟保鲜防腐。把果实分级,用纸单果包装。

(七)杧果横线尾夜蛾

杧果横线尾夜蛾又名杧果钻心虫、杧果蛀梢虫,是杧果的重要鳞翅目害虫。以幼虫蛀食杧果的嫩梢、花蕾和果实。影响产量。

1. 形态特征 成虫体背茶褐色,腹面灰白色,头部棕褐色,前额有白色鳞毛,下唇须黑色,前伸,末端灰白色;胸部背面黑色,胸腹交界处有白色的“八”字形条纹,腹背各节两侧各有一个白色小斑点。前翅灰褐色或茶褐色,各横线黑褐色,翅上肾形纹浅褐色,周围镶黑边,后翅灰褐色。老熟幼虫头部棕褐色或黑褐色,前胸背板棕褐色,胸腹部青色带紫红色,各体节有浅绿色斑块。蛹粗短,黄褐色,腹末钝圆光滑,无臀棘。

2. 发生规律 1年发生8代,以蛹在树皮、枯枝等处越冬,世代重叠现象明显。1～3月份陆续羽化、交尾。卵多散产于新梢基部老叶上,初孵幼虫先为害嫩梢的叶脉、叶柄、花序,三龄后转蛀主干、嫩梢和花穗。幼虫老熟后多在杧果枯枝、树皮或其他昆虫的虫壳及天牛粪便等处吐丝封口化蛹。以4～6月份、8～9月份和11月份为害重。嫩梢受害后萎缩变形,甚至枯死干萎;为害春穗及花序主轴,直接影响当年产量;为害秋梢,影响翌年花穗形成。

3. 防治方法 结合清园,清除果园中枯枝残叶,刮除粗皮,给树干涂刷石灰水,减少适合害虫化蛹的场所。在树干基部绑扎稻草,诱集老熟幼虫在其中化蛹,然后灭杀虫蛹。在低龄幼虫期,可选用 90%敌百虫晶体 800～1 000 倍液，或 80%敌敌畏乳油 800～1 000 倍液，或 50%辛硫磷乳油 1 000 倍液，或 40%毒死蜱乳油 1 000～1 500 倍液，或 10%氯氰菊酯乳油 2 000 倍液，或 2.5%溴氰菊酯乳油 2 000～4 000 倍液等。

(八)杧果扁喙叶蝉

以成虫和若虫吸食嫩梢、嫩叶、花穗、幼果的汁液，导致叶片萎缩、畸形、落花、落果并诱发煤烟病。是杧果产区普遍发生的主要害虫之一。

1. 形态特征　成虫体型似蝉，长盾形，粗短；头短而宽，端节膨大扁平，小盾片三角形，端部乳白色，两侧通常各有一个小黑点。前翅绿褐色，革质，具斑纹，近基部有一条乳白色的横带与小盾片端部的乳白色斑相连。初孵幼虫黄色，老熟若虫黄绿色似成虫，具翅芽。

2. 发生规律　该虫 1 年发生 2～9 代，以成虫在杧果枝条上越冬，冬暖年份无明显越冬现象，有世代重叠。成虫产卵于嫩芽和嫩叶中脉表皮下或在花穗上，卵粒成行排列，并常分泌白色絮状胶质物封盖产卵口。孵化后的若虫从表皮钻出，使表皮裂口相连成长裂缝，导致叶片弯曲变形，嫩芽枯死。成虫、若虫喜荫蔽，多停留在背光面长时间取食，多单头分布，受惊迅速横行或跳走，初孵幼虫具群集性。成、若虫 4～10 月份都有发生，春、夏、秋梢皆可受害。通常 10 月以后大部分成虫停止产卵。多品种混杂的果园有利于害虫的发生。

3. 防治方法　果园内注意品种合理布局，避免品种混杂种植。加强肥水管理，使园内抽穗、抽梢一致，以便于集中防治。在盛蕾期、幼果期及秋梢期若虫盛发期施药。可选用 40%乐果乳油 800～1 000 倍液，或 25%扑虱灵可湿性粉剂1 000～1 500 倍液，或 40%毒死蜱乳油 1 000～1 500 倍液，或 20%好年冬乳油 1 000～

1 500 倍液,或 3%啶虫脒乳油1 000～1 500 倍液,或 10%吡虫啉可湿性粉剂 1 000 倍液等。

(九)杧果叶瘿蚊

杧果叶瘿蚊在各杧果产区均有分布,属常发性重要害虫。为害梢期叶片,每叶可有几个或十几个虫瘿,严重时可引起叶片大量穿孔,卷曲脱落,影响光合作用,影响树势和产量。

1. 形态特征 雌成虫虫体比雄虫略大,草黄色,中胸的背板中线颜色淡,两侧色暗,足黄色,翅透明,雄成虫前、中、后足的爪均有齿,后足爪细长。幼虫黄色,蛆形。蛹黄色,前端略大,外面有一层黄褐色的薄膜,短椭圆形,前胸处有 1 对黑褐色长毛。

2. 发生规律 1 年可发生 10 多代,4～11 月份皆可发生,8～10 月份为害严重。11 月中旬以后幼虫陆续在表土 3～5 厘米处化蛹越冬,翌年 4 月上旬前后羽化出土。羽化成虫当晚交尾,翌日雌虫产卵于嫩叶背面,卵散产。初孵幼虫咬破嫩叶表皮,钻进叶肉取食。叶片被害部位出现浅黄色斑点,渐变为灰白色,最后变为黑褐色,形成小瘤状虫瘿。幼虫离开虫瘿之后,沿土壤缝隙进入土内化蛹。受害叶片中心破裂,造成穿孔,严重时呈不规则的网状破裂,甚至枯萎脱落。成虫适宜潮湿气候,喜荫蔽,怕强光。

3. 防治方法 加强肥水管理,促使抽梢整齐,有利于梢期统一喷药治虫。嫩叶展开前后喷药保护,抑制产卵,或杀死刚孵化出来的幼虫。药剂可选用 40%乐果乳油加 90%敌百虫晶体各 600 倍液,或 90%敌百虫晶体或 80%敌敌畏乳剂或 40%毒死蜱乳油 1 000～1 500 倍液,或 20%杀灭菊酯乳油或 10%氯氰菊酯乳油或 25%溴氰菊酯乳油 2 000～3 000 倍液喷雾。每年 2～3 月份春雨到来之前,每 667 平方米用 3%呋喃丹颗粒剂 4～5 千克,加细沙或泥粉 20 千克拌匀,在树冠滴水线附近的土表均匀撒施,然后覆盖 2 厘米厚泥土,可以杀死入土的幼虫和春季将羽化出土的成虫,此时活动场所有限，虫口密度低且抗性弱，应集中力量防治。但在挂果期不宜使用此法。

（十）杧果剪叶象

杧果剪叶象又名杧果切叶象，是杧果的主要食叶害虫之一。主要为害嫩梢，可造成秃梢，影响树势。

1. 形态特征 成虫体较小，略呈弧形拱起，全身布有刻点，红黄色，有白色绒毛；鞘翅中部黄白色，周缘黑色，肩部及端部的黑带稍宽，每一鞘翅上有10列刻点状纵纹，刻点间着生白毛；翅肩下伸，肩角呈钝圆状；足的腿节黄色，胫节及跗节黑色。幼虫无足，初孵时乳白色，后变为淡黄色，老熟幼虫深灰色。卵表面光滑，初产时乳白色，后渐变为淡黄色。

2. 发生规律 在各地1年发生3～9代，世代重叠。以老熟幼虫在土壤中越冬，翌年3月份越冬代成虫羽化。成虫有明显的向上性、趋嫩性、群集性和一定的趋光性，有假死现象。成虫咬食嫩叶上表皮，被害叶卷缩、干枯。雌成虫在嫩叶上中脉两侧产卵后，将嫩叶横向咬断，使带卵部分落地，留下刀剪状的基部。卵在叶内孵化，后潜食嫩叶叶肉，造成蜿蜒曲折的隧道。幼虫老熟后破叶而出，钻入土中，做土室化蛹。为害时期为5～8月份。

3. 防治方法 捡拾落地叶片并销毁。结合中耕除草、施肥，松翻园土，杀死在土壤中部分虫蛹；灌水浸泡，杀死土中幼虫和蛹。在嫩叶5天叶龄时开始用药防治，7～10天喷1次，连喷2～3次。选用，90％晶体敌百虫800～1 000倍液，或80％敌敌畏乳油＋40％乐果乳油各1 000倍液，或10％氯氰菊酯乳油或2.5％溴氰菊酯乳油2 000～3 000倍液等，喷洒树冠嫩梢，每隔7天左右喷1次，连喷2次。

(十一)脊胸天牛

脊胸天牛又名杧果天牛,幼虫蛀食枝条、树干,使枝条干枯,重则整株死亡,是杧果的主要害虫之一。

1. 形态特征 成虫栗色至栗黑色,体狭长,两侧平行,头顶后具有许多小粒点;触角与复眼间有纵脊纹;前胸背板中间有19条隆起的纵脊,脊沟丛生黄色绒毛;鞘翅后缘斜切,内缘角呈刺状突出,翅面粗糙,有灰白色短毛和金黄色毛组成的长条斑纹,排列成断续的5条纵行。卵长圆筒形,初乳白色,后为黄褐色,表面粗糙无光泽。幼虫长圆筒形,淡黄白色,头顶有横凹陷,前胸背板平滑,前缘有断续的褐色条纹,腹部各节背面有横沟2条,腹面有横沟1条。蛹扁纺锤形,初为黄白色,后淡黄褐色,将羽化时复眼黑色,腹部背面及侧面被有大量弯曲的刺。

2. 发生规律 脊胸天牛1年发生1代,主要以幼虫、少数以蛹或成虫在蛀道内越冬,成虫见于3~7月份,5~6月份为交配产卵盛期。交尾后多产卵于枝条及叶片的表面或嫩枝近端部的断裂处或树皮缝隙中。幼虫孵化后即蛀入枝条,并向主干蛀食,枝干出现很多大小不一、与蛀道相通的孔洞,虫粪混着黏稠的黑色液体,由排粪孔排出。枝条受害后迅速干枯,叶片变黄并逐渐枯死。老熟幼虫在蛀道内化蛹。

3. 防治方法 剪除并销毁被害枝条。用棉球蘸80%敌敌畏乳油10倍液塞入蛀孔,再用泥浆封堵孔口。诱捕成虫并杀死。

(十二)红带蓟马

可为害杧果、荔枝等多种作物。成虫、若虫锉吸杧果树小苗嫩叶汁液,使之呈现无数污黑斑点、叶尖变黑、叶缘卷曲,最后叶片全部落光,整株枯死;此虫排出等红色液状排泄物于叶片上,干燥后呈现锈褐色或黑色亮斑,影响光合作用。

1. 形态特征　成虫长形，暗棕黑褐色、有光泽，虫体较小，触角8节，翅暗灰色，翅缘缨毛浓密呈灰黑色。卵肾形，黄白色。若虫淡黄色、半透明，腹部基部为带状亮红色，腹末端黑色，有6条黑色刺毛，活动或为害时腹部末端常上举。

2. 发生规律　一年发生11代左右，有世代重叠现象，全年可见到各虫态。冬季以卵、成虫为主，1～2月份以卵为主，2月中旬后陆续孵出若虫。多在叶片的靠主脉的凹陷处栖居。行孤雌生殖，卵单粒产于叶片下表面。成长若虫多群集在被害叶或附近叶片背凹处，或瘿螨毛毡部。在蛛网下或叶片相叠处化蛹。以成虫、若虫主要为害嫩梢叶，每年4月至7月上旬和9月至12月中旬为发生为害盛期。

2. 防治方法　加强果园管理，促使新梢抽发整齐，控制冬梢抽生。在低龄若虫盛发期喷药防治，可选用40%乐果乳油，或80%敌敌畏乳油或40%毒死蜱乳油或20%好年冬乳油1 000～1 500倍液喷雾。

(十三)红 蜡 蚧

红蜡蚧，又名胭脂虫。食性杂，可为害许多种作物。成虫和若虫密集寄生在植物枝梢和叶片上，吮吸汁液为害，其分泌物会诱发煤烟病。

1. 形态特征　雌成虫椭圆形，体上有暗红色至紫红色厚蜡壳，背面中央隆起呈半球形，蜡壳顶端凹陷呈脐状，有4条白色蜡带从腹面卷向背面。雄成虫蜡壳长椭圆形，暗紫红色，口器及单眼黑色，触角淡黄色，足及交尾器淡黄色，前翅白色半透明。卵椭圆形，两端稍长，淡紫红色。初孵若虫扁平，椭圆形，腹部末端有2根长毛，二龄后体被白色蜡质，逐渐加厚。蛹为雄虫所独有，紫红色，近纺锤形。

2. 发生规律　1年发生1代，以受精雌成虫越冬。5月中下旬开始产卵，繁殖量大，每雌蚧产卵300多粒，卵产于雌虫体下，孵化 2～3 天后,若虫开始分散到新梢上为害,固定后开始分泌蜡质,并随虫龄增加而逐渐加厚。雄成虫羽化交配后即死亡,雌成虫交尾后便越冬。

3. 防治方法 结合冬季清园,将虫口较多的枝条疏剪销毁。在低龄若虫期用 40%毒死蜱乳油 1 000 倍液,或 40%杀扑磷乳油 1 200 倍液喷雾,10～15 天再喷 1 次。施药时注意保护和利用红蜡蚧扁角跳小蜂、蜡蚧扁角跳小蜂等红蜡蚧的寄生性天敌昆虫。

思考题

1. 荔枝、龙眼的主要病虫害有哪些?

2. 危害香蕉叶部的病害主要有哪些?简述 3 种主要叶部病害的主要危害症状。

3. 防治杧果贮藏期病害只在采后处理吗?怎样才是科学有效的防治方法?

第九章　南方果园草害及防治

本章重点介绍南方果园杂草的种类、发生特点及综合防治方法。

一、南方果园主要杂草种类

南方果树种类多、分布广，果树栽培环境条件千差万别，果园杂草种类复杂，主要有禾本科的马唐、牛筋草、狗尾草、画眉草、野燕麦、白茅、稗等，菊科的刺儿菜、苦荬菜、艾蒿、苍耳、蒲公英等，茄科的龙葵，十字花科的荠菜，马齿苋科的马齿苋，苋科的空心莲子草、反枝苋等，大戟科的铁苋菜，莎草科的香附子，旋花科的小旋花、田旋花，藜科的灰菜，车前科的小车前，鸭跖草科的鸭跖草等数十种。

二、南方果园杂草综合防治方法

(一)南方果园杂草发生特点

1. 杂草种类多　包括1年生、越年生和多年生杂草，常见杂草约有40个科，150多种，主要以菊科、禾本科、莎草科、藜科和旋花科为主。

2. 发生期长　一年四季均可发生，其中1、2年生杂草主要在春季或夏季发生。春季杂草在早春萌发，晚春时生长迅速，初夏时开花结籽，以后逐渐枯死。春季阔叶杂草比禾本科杂草发生早，且以阔叶杂草为主，生长比夏季杂草相对缓慢，不易形成草荒。夏季杂草初夏开始发生,盛夏生长旺盛,秋季结实枯死。夏季杂草以禾本科为主,发生比阔叶杂草早,群体密度大,且恰逢高温多雨季节,杂草生长迅速易形成草荒,危害严重。

3. 多年生杂草多 如白茅、乌敛莓、水花生、蒿属杂草、打碗花、狗牙根、双穗雀稗、香附子、刺儿菜和芦苇等,繁殖能力强,地下繁殖器官不易根除。

4. 不同类型果园杂草发生情况不同 苗圃前期主要是阔叶杂草,中、后期则以1年生杂草为主。新垦的幼年期果园,则以茅草、三棱草、刺儿菜、小旋花等多年生杂草为主,也有马唐、牛筋草、狗尾草、马齿苋等1、2年生杂草。成年期果园主要以1、2年生禾本科杂草和阔叶杂草为主,也有少量的多年生杂草,常见的有马唐、牛筋草、狗尾草、画眉草、野燕麦、铁苋、反枝苋、马齿苋和三棱草等。

(二)南方果园杂草防治方法

1. 清耕法 在果树行间用人工、畜力中耕除草,一般在4～9月份进行5～8次。该方法简单易行,但费工、费时且劳动强度大,而且中耕时还会伤害浅土层的果树营养根,山区果园还会造成水土流失,减少土壤中有机质含量。

2. 间作法 在幼龄果园或果树行距较大,地面覆盖率低的成年果园,可在行间种植生长期短、株型矮小的作物,如花生、大豆、地瓜、马铃薯、小麦、菠菜、油菜等。此法可覆盖地面,减少杂草生长危害,并能增加收入,还可防止水土流失。

3. 生草法 即在果树行间种植旋纽山绿豆、草木樨、茄子、三叶草、水打旺、田菁等牧草或绿肥。此法既可覆盖地面,抑制杂草生长,又可获得牧草或绿肥,同时还有利于保护天敌。但应加强肥水管理,及时收割,并要保持10厘米的高度,同时树冠下要及时清草。

4. 化学除草法　此法见效快、省工、省时。但除草剂种类较多，必须根据杂草种类、果树品种、土壤类型和气候条件等因素，选用适宜的除草剂品种，以避免发生药害，目前常用的果园除草剂有农达、草甘膦、克无踪、百草枯等。1、2年生杂草可用20%克无踪水剂或20%百草枯水剂200～300毫升/667平方米对水30～45升喷雾，在杂草15厘米左右时施药。防除多年生深根杂草可用41%农达水剂或41%草甘膦水剂等内吸性除草剂。施药适期为6月中旬至7月中旬，每667平方米用200～400毫升，对水30～45升喷雾，这时杂草生长旺盛、叶片较多，易于吸收药剂传导至根部将根杀死，防除效果在90%以上。施药过早植株吸收能力差、过晚，植株木质化，药剂而不易向根部传导，影响药效。

思考题

1. 南方果园杂草主要有哪些种类？
2. 南方果园杂草发生有何特点？
3. 果园杂草有哪些防治方法？

第十章　果树病虫草害的田间调查

本章重点介绍开展果树病虫害田间调查的目的、调查方法及资料统计方法。通过本章的学习,可以掌握评定果园病虫草害发生程度及防治效果的方法。

一、田间调查的目的

为预测病虫草害未来发生期、发生量、危害程度以及扩散蔓延分布趋势,指导当地当时防治,或了解防治病虫草害的某单一措施或综合措施的防治效果等情况,需要进行田间的调查研究工作。

二、田间调查的方法

由于病虫草害在田间或作物植株上的分布都会表现各自的规律,因此调查时必须根据它们的分布特点,选择有代表性的各种类型田(园),采用相应的取样方法,选取一定形状与数量的样点,使调查结果能反映病虫草害在田间(或果园)发生危害的实际情况,以便有效地对病虫草害采取一定的防治措施。

(一)果树害虫田间调查的特点

果树害虫的调查取样,大体上和农作物害虫取样方法一样,但也有不同之点。果树是多年生植物,它的立地条件与农作物显然不同。从果树立地条件来看,大体上分为三大类型:一是山地果树区,地形复杂,条件差,定植不规格。二是丘陵果树区,地形不平坦,有的用水平梯田栽植法,也有零星栽培的。三是平原(或平地)

果树区，地势比较平坦，定植比较规范，种植密度一般较密。所以，田间调查要因地制宜，使调查样点和田间害虫分布情况，基本符合发生特点，才能比较正确地反映客观情况。

（二）果树害虫田间调查的方法

1. 取样方法

（1）五点取样法　此法适合平原果树区或半丘陵较平坦的果树区。可选择1～2块有代表性的果园进行调查。首先确定取样点5个，即中间1个，四角各选1个，共5个。每个样点确定2～3株为调查株，株与株之间不要离得太近，一般以隔株确定调查株为宜。调查树的取样，因虫而异。可根据害虫为害习性、分布情况、为害部位来确定详细的调查方案。

（2）分层取样法　此法适于山区，如深山沟或山坡梯田上的果树区，也可用于坡地果园。一般将所调查的山坡（山沟），按自然情况，等距离分成3段，即坡顶、坡中、坡脚（或沟里、沟中、沟口）。段内取调查点后，再确定调查树。在一般山坡地栽培的果树，大部分株、行距不够规律，可采用随机取样法确定调查点或调查树，力求有代表性。对调查树的取样，同五点取样法一样，因虫而异。

（3）随机取样法　此法适于平原区、山区以及栽培在很不规律立地条件下的果树。随机取样是按害虫分布情况，任意选取调查点或选取调查树。取样调查要有代表性。取样时可在调查区域内，随走随取调查树进行调查，各个调查点（树）之间要有一定的距离。调查时，要用目测的方法先确定调查树，再去调查。可按“算盘”形、“Z”形和“W”形等方式进行。

（4）对角线取样法　在大面积调查时，虽然可以用对角线取样法确定调查地点或调查树。但这里介绍的方法是调查地下越冬害虫虫口密度。在树冠投影的圆圈内划分6～9个等距离的直径线，将树冠下土壤分成12～18等份，对称地选取4～6个调查点，将定点的土用筛土的办法检查某种害虫的密度。测量每个调查点的面积(平方米或平方厘米),计算虫口密度。

2. 确定取样单位和取样数

(1)确定取样单位　取样单位随着害虫的种类、不同虫期活动栖息的方式,以及果树生长情况不同而灵活确定。

①面积:调查地下害虫或土壤中的虫态,苗圃或密植果园(前期)中的害虫,确定每平方米的虫数和虫害损失率等。

②长度:适用于苗圃,调查长1米行内虫数或苗木受害株数等。

③植株或植株的一部分:取样调查果树害虫时,绝大多数以果树的某一部分、某一组织(或器官)为取样单位,如叶片、嫩芽(芽)、花(花蕾)、枝条、树干、果实等,根据害虫的生活习性而定。

(2)确定取样数　取样数的多少,取决于害虫分布的均匀程度和虫口密度的大小。一般虫口密度大时取样数点可适当少些,每个样点可以大点。相反,则适当增加样点数,每个样点可小些。时间和人力许可时,要尽可能地增加样点数。在检查害虫发育进度时,检查所得的活虫数不能过少,一般为30～50头,否则虫数太少,所得的百分比误差会增大。

三、田间调查资料统计

调查试验所得的数据资料都要经过一番整理加工,从中去粗取精,去伪存真,由表及里的分析和推断,才能透过现象,找出昆虫的客观规律,应用到害虫(或益虫)的预测预报和防治中去。

(一)平均数的计算($\bar{x}$)

平均数是数据资料中的集中性代表值。常用的是算术平均数。

1. 直接计算法　将一组数据的各数值逐个相加，再除以调查总次数。

$$\overline{x}=\frac{x_1+x_2+\cdots\cdots x_n}{n}=\frac{\sum_1^n x}{n}$$

式中　$\overline{x}$——算术平均数

n——调查总次数

$\sum$——累加总和

2. 加权法计算　当调查或试验得到的每个数值都含有不同程度的比重(统计上称这个比重为“权”)时，则在计算平均数时要将各 x 值的比重(记作 f)考虑在内。如下式：

$$\overline{x}=\frac{f_1x_1+f_2x_2+\cdots\cdots+f_nx_n}{f_1+f_2+\cdots\cdots+f_n}=\frac{\sum_1^n fx}{\sum_1^n f}$$

加权法常用于求一个复杂区域内的平均虫口密度、被害率、发育进度和防治效果等。

例：虫口密度的加权平均数计算：假如某三个果园调查柑橘木虱越冬前虫口密度，甜橙园每株有虫 30 头，温州蜜柑园 10 头，蕉柑园 45 头，求该三个橘园每株果树平均虫量，如果用直接法计算虫量，为：

$$\overline{x}=\frac{30+10+45}{3}=28.33\text{ 头/株}$$

但实际上，这三个柑橘园柑橘株数不同，甜橙 600 株，温州蜜柑 1 000 株，焦柑 100 株，应当将其作为比重考虑在内，用加权法计算三个柑橘园平均每株虫量，则为：

$$\overline{x}=\frac{600\times30+1\,000\times10+100\times45}{600+1000+100}=\frac{32\,500}{1\,700}=19.11\text{ 头/株}$$

两种方法计算结果相差 48.25%。

将调查数据计算出各平均数后，再将其应用到以下的(二)和(三)各计算公式中去。

(二)病虫草害有关的调查计算公式

1. 害虫调查计算公式

$$(1)\text{孵化率}(\%)=\frac{\text{幼虫数}}{\text{总活虫数(卵粒数+幼虫数)}}\times 100$$

$$(2)\text{化蛹率}(\%)=\frac{\text{活蛹数+蛹壳数}}{\text{总活虫数(幼虫数+蛹数+蛹壳数)}}\times 100$$

$$(3)\text{羽化率}(\%)=\frac{\text{蛹壳数}}{\text{总活虫数(幼虫数+蛹数+蛹壳数)}}\times 100$$

$$(4)\text{被害率}(\%)=\frac{\text{被害株(果实、枝条、叶)数}}{\text{调查总株(果实、枝条、叶)数}}\times 100$$

$$(5)\text{卵果率}(\%)=\frac{\text{卵果数}}{\text{调查总果数}}\times 100$$

$$(6)\text{虫株率}(\%)=\frac{\text{虫株(芽)数}}{\text{调查总株(芽)数}}\times 100$$

$$(7)\text{梢卷叶率}(\%)=\frac{\text{卷叶梢数}}{\text{调查总梢数}}\times 100$$

$$(8)\text{死苗率}(\%)=\frac{\text{死苗数}}{\text{调查总苗数}}\times 100$$

$$(9)\text{寄生率}(\%)=\frac{\text{寄生(幼虫、蛹、卵)数}}{\text{调查总虫(幼虫、蛹、卵)数}}\times 100$$

$$(10)\text{每平方米虫数}=\frac{\text{总虫数}}{\text{调查平方米数}}$$

$$(11)\text{每株虫数}=\frac{\text{调查总虫数}}{\text{调查总株(叶、梢、芽)数}}$$

2. 病害调查计算公式

$$(1)\text{死苗率}(\%)=\frac{\text{死苗数}}{\text{调查总苗数}}\times 100$$

$$(2)\text{被害率}(\%)=\frac{\text{被害株(果、叶、枝条)数}}{\text{调查总株(果、叶、枝条)数}}\times 100$$

$$(3)\text{病情指数}(\%)=\frac{\text{各级病叶(果)数}\times\text{相对级数值}}{\text{调查总叶(果数)}\times\text{最高一级数值}}\times 100$$

3. 草害调查计算公式

(1)绝对数调查法　调查每平方米地块内每种杂草植株数或鲜重量。

(2)估计值调查法　计算杂草覆盖度，可以用下列级别得出结果。

1 级——无杂草，2 级——0～2.5％

3 级——2.5％～5％，4 级——5％～10％

5 级——10％～15％，6 级——15％～25％

7 级——25％～35％，8 级——35％～75％

9 级——75％以上

(三)病虫草害的防治效果计算

1. 杀虫剂的防治效果计算

(1)根据虫口增减计算防治效果

①施药前不做虫口基数调查

$$防治效果(\%)=\frac{对照区虫口数-处理区虫口数}{对照区虫口数}\times 100$$

②施药前进行虫口基数调查

$$虫口减退率(\%)=\frac{药前虫口基数-药后虫口基数}{药前虫口基数}\times 100$$

$$*防治效果(\%)=\frac{防治区虫口减退率\pm 对照区虫口减退率}{100\pm 对照区虫口减退率}\times 100$$

* 当对照区虫口减退率施药后比施药前增加时，公式中用“＋”号，减少时公式中用“－”号。

(2)根据被害率计算防治效果

$$被害率(\%)=\frac{被害株(果、叶、枝条)数}{总株(果、叶、枝条)数}\times 100$$

$$防治效果(\%)=\frac{对照区被害率-处理区被害率}{对照区被害率}\times 100$$

2. 杀菌剂防治效果计算

(1)施药前未发病

$$防治效果(\%)=\frac{对照区病情指数-防治区病情指数}{对照区病情指数}\times 100$$

(2)施药前已发病

$$病情指数(\%)=\frac{施药前病情指数-施药后病情指数}{施药前病情指数}\times 100$$

$$防治效果(\%)=\frac{对照区病指增长率-处理区病指增长率}{对照区病指增长率}\times 100$$

3. 除草剂的防治效果计算

$$防治效果(\%)=\frac{对照区杂草株数(或鲜重)-处理区杂草株数(或鲜重)}{对照区杂草株数(或鲜重)}\times 100$$

思考题

1. 病虫草害田间调查方法有哪几种?
2. 掌握病虫草害田间调查的统计方法?
3. 掌握病虫草害药剂防治的防治效果计算方法。

第十一章　果树病虫草害的综合防治方法

本章重点介绍果树病虫草害综合防治的原理及基本的防治方法，并列举实例说明如何开展果树病虫草害的综合防治。

一、果树病虫草害防治原理

果树在生长发育过程中，以及在果品加工、运输和贮藏期间，都会遭受各种危害，造成产量损失、降低产品质量。因此，必须实施产前、产中和产后的有效防治。对果树病虫草害的防治必须遵循“预防为主，综合防治”的植物保护工作方针。

（一）预防为主

不能等到病虫草害已大发生（或严重流行）、严重危害时才开始进行防治，这样不仅生产受到了损失，而且还常常得不偿失。预防为主，就是针对病虫草害发生或流行的原因，采取相应的措施，把防治工作做在病虫草害发生流行之前，使之不发生或极少发生，将病虫草害控制在经济损失允许的水平以下。

（二）综合防治

综合防治是从农业生产的全局出发，根据病虫草害与作物、耕作制度，有益生物和环境等各种因素之间的辩证关系，因地制宜，合理应用必要的、简便的防治措施，达到经济、安全、有效地防治或控制病虫草危害，增收增产的目的。目前，对综合防治的定义，虽然有不同的解释，但基本观点是较为一致的。

1. 综合防治的原则

(1)全局的观点(或生态观点) 从农业生产的全局出发,也就是从农业生态系的整体观点出发,以预防为主,创造不利于病虫草害的发生蔓延,而有利于作物及其有益生物生长繁殖的环境条件。考虑采取各种防治措施时,不仅要注意局部和当前的防治效果和利益,而且要考虑全局和长远的影响和利益。因此,不能只从防治对象出发,还必须从整个生态环境出发,即从作物、有益生物、人畜安全等方面出发来考虑。

(2)综合的观点 各种措施,包括农业的、化学的、生物的、物理的和机械的,以及各种新技术、新方法等,都有各自的长处和局限性,单一措施不能完全、长期和满意地解决整个病虫草害问题,必须选择有效的、简便的、适当的、需要的防治措施,将它们有机地结合起来,取长补短,相辅相成,使各种措施能充分发挥其应有的、最大的效能。

(3)经济的观点 防治病虫草害的目的不是消灭它们,也不可能干净彻底将它们消灭,而是控制它们的危害,使其种群数量降低到不足以造成经济损失,即控制在经济损失允许水平以下。只有病虫草害危害造成的损失超过了防治成本,才应实施防治,因这时病虫草害种群数量超过了经济损失允许水平,也就是说达到了防治指标。防治病虫草害,不仅要考虑防治指标,还要掌握防治的有利时机,只有在防治适期进行防治,才会收到良好的效果。

(4)环境保护的观点(或安全的观点) 要求采取的措施,应确保人、畜、作物、有益生物和环境的安全。这就要求人们在进行病虫草害防治时所采用的措施,不仅能有效地控制病虫草害的发生及危害,确保农作物产值不受损失,还要考虑到应用这些措施后,近期和长远对环境、有益生物和人畜的安全等问题,要考虑长远的利益。

2. 基本条件

第一,摸清“家底”,调查清楚果园整个生态系的基本情况。

如:病虫种类,需要防治的关键种类、发生时期及其危害程度、潜在的危险种类、主要病虫害的天敌等。

第二,掌握规律,调查清楚果园整个生物群落及其与周围环境的关系,尤其要掌握主要病虫及其主要天敌的发生规律。

第三,掌握主要病虫及其主要天敌的预测预报技术。

第四,掌握主要病虫防治的关键时期、防治指标及关键防治措施。

(三)病虫防治的原理

1. 病害防治原理

(1)避免病原物　在可以避开最适于某些病原物发生的自然条件(区域、地块)栽植某种作物,达到防治病害发生流行危害的要求。如不在有柑橘根结线虫的地块种植柑橘,只要苗木不带有柑橘根结线虫或不从外地带入柑橘根结线虫,就可以避开柑橘根结线虫对柑橘的危害。

(2)杜绝病原物　可以通过植物检疫,处理带有病原物的繁殖材料,以及消灭传病媒介等措施,防止病原物由病区传入无病区。如为防止柑橘黄龙病、溃疡病等柑橘病害从病区传入无病区,就得认真做好植物检疫工作。

(3)铲除病原物　通常是指通过砍除病株或剪除病植株的带病部分等措施,以消灭或减少病原。如防治柑橘黄龙病的措施之一,就是挖除病树;防治柑橘溃疡病的措施中,包括剪除病叶、病果、病枝等。而当某种危险性病害还只在小范围内发生时,就应采取各种有效措施,将其彻底去除干净、尽可能完全消灭掉。

(4)保护植物免遭病原物的侵染　主要是指在植物体表面喷洒保护性的化学药剂来保护植物,免于病原的侵染。

(5)提高植物的抗病能力　通过抗病育种,来获得抗病品种,或者通过改善植物的环境条件,如增施有机肥和磷、钾肥等措施,以促进植物生长健壮,提高抗病能力。

(6)治疗病株　对于多年生的果树,进行局部或全株治疗。治疗的方法有给病植株喷布或注射内吸性化学药物,对病植株进行热处理和手术等,以杀死或消灭病原物。

2. 害虫防治原理

(1)恶化害虫生长发育的环境条件　通过人为的作用创造一个有利于作物或有益生物的生长发育,而不利于害虫发生为害的生态环境,以达到控制害虫发生危害的目的。

(2)控制害虫来源及其虫口密度

①加强植物检疫,以防止外来新害虫(尤其是危险性害虫)的侵入,或防止本地危险性害虫的扩散蔓延危害。

②压低虫口基数,如对本地越冬虫源可以加强越冬防治来压低基数,达到控制虫口密度,以减轻危害。

③消灭害虫于严重危害之前,对于大发生的害虫,在尚未严重危害之前,及时采取有效防治措施,控制其虫口密度在经济损失允许水平以下。

(3)调节果树品种及果树物候期　所谓物候期,是指动植物生长、发育、活动等规律与生理的变化对节候的反应。正在产生这种反应的时期称为物候期。种植抗虫品种以减轻虫害;调节果树物候期可以避开害虫为害。

二、病虫草害防治的基本方法

(一)植物检疫

植物检疫是国家为防止农作物的危险性病虫、杂草种子、随着种苗、农产品等的调运和交流,从一个地方传播到另一个地方,用法令规定对某种植物及其产品进行检疫检验,并采取相应的限制和防治措施，这就叫做植物检疫。它的任务是对检疫对象（对内或对外）采取一切措施，防止扩大蔓延；对境外传入或外地传入新区的危险性有害生物，采取紧急措施，严格处理，及时肃清；对国内局部地区发生的危险性病虫草害，采取封锁疫区，加强防治，逐步压缩其发生面积，达到彻底消灭。

（二）农业防治

农业防治就是根据病虫草害发生危害和作物栽培之间的相互关系，结合整个栽培管理的农事操作过程的各方面的具体措施，有目的、有计划地创造不利于病虫草发生而有利于作物生长发育的农田生态环境，以达到直接消灭或抑制病虫草的目的。果树病虫草害农业防治的主要措施有以下几点。

1. 种植抗或耐病、虫、草的品种，培育无病虫果苗　例如用枳作砧木，可显著减轻柑橘脚腐病或温州蜜柑青橘病的发生。

2. 轮作　是一种经济有效的农业措施。通过轮作，可以减少土壤中病原物的数量和虫源基数，达到消灭或减少病虫害的目的。例如，柑橘苗木立枯病在连作地发生会逐年加剧，而轮作就可明显减轻其危害。

3. 搞好果园卫生　搞好果园卫生是减少病原物和虫源的数量，从而减轻病虫害发生和危害的一种有效措施。例如，及时挖除黄龙病树，剪除柑橘的病虫枝、叶、果。清除园地的残枝、落叶和落果等。

4. 改进栽培方法　栽培方法的改进措施包括合理施肥，适当排灌，控制果树枝梢生长，耕翻整地，除草灭虫等。例如，通过增施有机肥和钾肥，可以减轻柑橘炭疽病的危害；采用抹芽控梢的办法，使柑橘的夏梢或秋梢在短期内统一抽发，从而有利于防治柑橘潜叶蛾和柑橘溃疡病。

(三)生物防治

利用病虫草害的天敌来防治病虫草害称为生物防治。

1. 害虫的生物防治

(1)以虫治虫

①捕食性昆虫的利用:捕食性昆虫种类很多,其中利用价值大的有瓢虫、草蛉、蚂蚁、胡蜂、泥蜂、步行虫、食蚜蝇、食虫虻、姬猎蝽等。如利用捕食瓢虫可以防治果园蚜虫、介壳虫、螨类以及许多害虫的卵和幼虫等。

②寄生性昆虫的利用:寄生性昆虫种类也非常多,绝大多数种类属于寄生蜂类和寄生蝇类。如利用赤眼蜂可以防治柑橘卷叶蛾、梨大食心虫、梨小食心虫、枣尺蠖、刺蛾等多种重要农林害虫。再如利用平腹小蜂防治荔枝椿象。

(2)以菌治虫　利用害虫的致病微生物来防治害虫。

①利用细菌治虫:如利用苏云金杆菌防治枣尺蠖、毒蛾等鳞翅目害虫效果良好。

②利用真菌治虫:目前应用比较广泛的有白僵菌、绿僵菌、虫霉菌等。如白僵菌可以寄生于鳞翅目、同翅目等200多种害虫。

③利用病毒治虫:目前应用于防治害虫的病毒种类,主要是核型多角体和颗粒体两类病毒。

④利用杀虫素治虫:杀虫素是可以杀虫的一类抗菌素,是由放线菌类微生物在新陈代谢过程中产生的活性物质。可用浏阳霉素、阿维菌素等,防治果树的害虫和害螨。

此外,还可以用线虫以及其他有益动物治虫。

2. 病害的生物防治　主要是利用某些放线菌、真菌和细菌在土壤中能分泌抗生素,培养繁殖这些活菌,施到植物的周围或根围,可以控制病原菌的侵入或危害。也可喷布这些微生物的代谢物(具有杀菌或抑菌作用的活性物质),达到保护植物和治疗病害的目的。

(四)物理防治

物理防治是用物理的因素(光、温度、射线、高频电、超声波等)杀死病原物或害虫,从而达到防治病虫害的目的。对于柑橘病毒来说,目前用于生产上的物理防治方法是种子、苗木和接穗的热处理。

(五)机械防治

机械防治是采用人工或机具来防治病虫草害的方法。如采用人工捕捉为害果树的天牛成虫和幼虫,加以消灭;用刮除脚腐病病部烂皮来防治脚腐病;剪除溃疡病的病叶、病果和病枝集中处理;用农具铲除果园的杂草,防除草害等。

(六)化学防治

化学防治是利用化学物质(农药)来防治植物病虫及杂草等有害生物的方法。化学防治的特点是效果好、方法简便、见效快,而且一般很少受地域或季节的影响,因而易于被人们接受。但化学防治也有缺点,即农药对农产品和环境的污染,威胁人、畜的健康;在消灭病虫草等有害生物的同时,也杀死了许多有益生物,破坏了生态平衡。连续施用单一农药,易引起害虫和病原物产生抗药性,致使病虫害的防治出现“农药越打越多,病虫越来越难防”的恶性循环。因此,应用化学防治法,要掌握病虫害的发生规律,做好预测预报,选用选择性好、低毒、低残留的药剂,适时用药,克服盲目性,以上述方法为首选,此法与其他防治方法有机结合起来,做到合理使用农药。化学防治方法,主要有以下几种。

1. 种苗处理 通过药剂拌种、浸种及浸苗等措施,杀死种子或苗木内外的病原物(或害虫),也可以防止早期土壤中(苗期)的一部分病原物(或害虫)的侵染或危害。

2. 土壤处理 将农药用喷雾、喷粉、撒毒土直接施在地面或一定土层内,以防治病虫草害。

3. 叶面喷布 主要通过适时施药保护植物的地上部分,杀死害虫和防治病害。叶面喷药的时间性比较重要,抓准时机才能收到明显效果。主要有喷粉、喷雾等方法。

参考文献

[1] 浙江农业大学,四川农业大学,河北农业大学,山东农业大学,等编.果树病理学.上海:上海科学技术出版社,1979

[2] 北京农业大学主编.昆虫通论(上册).北京:农业出版社,1980

[3] 北京农业大学主编.果树昆虫学(下册).北京:农业出版社,1981

[4] 忻介六.昆虫形态分类学.上海:复旦大学出版社,1985

[5] 金瑞华.作物病虫害防治学(总论,修订本).北京:中国广播电视出版社,1986

[6] 匡海源.农螨学.北京:农业出版社,1986

[7] 裘维蕃.农作物病害.北京:科学普及出版社,1986

[8] 中国农业百科全书昆虫卷编辑委员会.中国百科全书昆虫卷.北京:农业出版社,1990

[9] 卢运胜,周启明,邱柱石,黄美玲.柑橘病虫害.南宁:广西科学技术出版社,1991

[10] 卢运胜,全金成,等.柑橘新农药使用手册.桂林:广西师范大学出版社,1992

[11] 朱伟生,黄宏叵,黄同陵,等.南方果树病虫害防治手册.北京:农业出版社,1994

[12] 苏少泉.中国农田杂草化学防治.北京:中国农业出版社,1996

[13] 中国农业科学院植物保护研究所主编.中国农作物病虫害(第二版,下册).北京:中国农业出版社,1996

[14] 侯保林主编.果树病害防治技术.北京:中国农业出版

社,1998

[15] 温秀云.葡萄病虫害原色图谱.济南:山东科技出版社,2001

[16] 马国瑞.果树营养失调症原色图谱.北京:中国农业出版社,2002

[17] 王国平,刘福昌主编.果树无病毒苗木繁育与栽培.北京:金盾出版社,2002

[18] 赖传雅主编.农业植物病理学(华南本).北京:科学出版社,2003

[19] 曹玉芬.梨无公害生产技术.北京:中国农业出版社,2003

[20] 宗学普.柿树栽培技术(第二版).北京:金盾出版社,2005

[21] 辛铁君.银杏矮化速生种植技术.北京:金盾出版社,2005

[22] 任国兰.枣树病虫害防治.北京:金盾出版社,2006